北京畜牧业水资源
经济效率分析

曹暕 著

中国农业出版社

图书在版编目（CIP）数据

北京畜牧业水资源经济效率分析 / 曹暕 著 . —北京：中国农业出版社，2015.6

ISBN 978 - 7 - 109 - 20769 - 1

Ⅰ.①北… Ⅱ.①曹… Ⅲ.①畜牧业－水资源管理－经济效率－经济分析－北京市 Ⅳ.①F326.371 ②S279.2

中国版本图书馆 CIP 数据核字（2015）第 185399 号

中国农业出版社出版

（北京市朝阳区麦子店街 18 号楼）

（邮政编码 100125）

责任编辑 闫保荣

北京通州皇家印刷厂印刷　　新华书店北京发行所发行

2015 年 7 月第 1 版　2015 年 7 月北京第 1 次印刷

开本：880mm×1230mm　1/32　印张：6.125

字数：150 千字

定价：26.00 元

（凡本版图书出现印刷、装订错误，请向出版社发行部调换）

前 言

QIANYAN

改革开放以来，北京畜牧业得到了迅猛的发展。虽然近两年畜牧业的发展受到了一定的制约，但畜牧业仍然是北京市整体经济发展和保障民生的重要组成部分，占据农业生产总值的半壁江山。根据北京市的特色情况，北京市政府提出了建设都市型畜牧业的发展目标：北京市畜牧业将以都市型现代农业发展为主脉，以转变养殖结构方式为主线，适应北京市城市化建设需求为目标，启动《北京市畜牧业发展规划（2010—2015年）》，按照"两心三区四带五网络"的区域布局，推进5项重点工程建设，打造结构合理、品质优良、效益明显、环境友好的都市型现代畜牧业产业体系。

2014年9月4日，北京市部署了《关于调结构转方式、发展高效节水农业的意见》。此《意见》为今后北京市畜牧业的发展，水资源的利用指明了方向。提出坚持量水发展，提高用水效率；调减达不到健康养殖标准的畜禽养殖；积极开展畜禽养殖污染防治；实施畜禽养殖场实施高效集雨工程。

北京已经成为世界上缺水最严重的大城市之一。北京市人均水资源量已降至 100 立方米，大大低于国际公认的人均 1 000 立方米的缺水警戒线，等于已破国际警戒线的 1/10，北京缺水形势异常严峻。在这样的大环境下，发展畜牧业面临着更多的来自于水资源方面的制约。

在北京都市型畜牧业发展规划中，提出节本增效节能减排的大原则，也就是根据都市型现代畜牧业与生态环境和谐发展的要求，充分发挥都市型畜牧业的"生产、生态、生活、示范"功能，发展节约型、生态型、环境友好型畜牧业，促进北京市畜牧业可持续发展。这其中就包括要节约水资源。

本书在这样的背景下，对北京市畜牧业生产中水资源利用的经济效率进行分析。本书内容安排如下：

本书首先对北京市畜牧业发展的情况进行分析，北京畜牧业发展历史悠久，是农业中的重要组成部分，从全国来看所占比重越来越小，但总体养殖水平高，技术含量高。

其次，对北京市畜牧业水资源利用情况进行了研究。2006 年以后，北京市畜牧业发展方式发生转变。各类牲畜数量都有所增加，畜牧业用水占农业用水的比例也处于增长趋势，相反，2006 年之后北京市畜牧业产值占农业产值的比例却呈现下降趋势，畜牧业用水比例增加的同时，却没有得到相应畜牧业产值比例的增加，说明了近些年来在畜牧业用水方面存在着相对用水浪费或效率不高的情况。此外，北京畜牧业对水体的污染十分严重。

从全国来看，对畜牧业养殖中水费进行了对比，北京肉鸡养殖水费占总费用比重高于全国平均水平；蛋鸡、生猪和奶牛此比重则低于全国平均水平。

第三，对北京市肉鸡和奶牛养殖的用水和污水处理情况进行了调研。调研表明：养殖过程中水体的污染处理认识不足，力度不够。影响因素包括养殖规模、受教育程度、养殖户对饮用水对提高牲畜抗病力和质量的影响的认知。

第四，利用 DEA 模型，对北京市主要畜牧业生产进行效率分析，分析水资源的投入是否存在浪费的情况。北京奶牛养殖一直都是有效率的，不存在水资源投入冗余情况。对于肉鸡生产，大规模生产投入品的投入效率高于中规模养殖，其中中规模养殖在个别年份存在水资源投入过量情况。蛋鸡养殖效率不高，但水的投入并不过量。生猪养殖是效率损失最多的，无论是中规模还是大规模都不同程度存在水资源投入过量的情况。

第五，总结了发达国家和地区畜牧业水资源管理和利用上的各种经验。

最后，提出相应的政策建议。

目　　录
MULU

前言

1　导言 ……………………………………………… 1

　1.1　研究目的 …………………………………… 1

　1.2　研究意义 …………………………………… 5

　1.3　水资源国内外研究现状 …………………… 7

　　1.3.1　国外研究现状 ………………………… 7

　　1.3.2　国内研究现状 ………………………… 9

　　1.3.3　文献述评 …………………………… 16

　1.4　主要研究内容 …………………………… 16

　1.5　主要研究方法 …………………………… 18

　1.6　技术路线 ………………………………… 19

2　北京畜牧业发展情况 ………………………… 20

　2.1　北京畜牧业发展历史悠久 ……………… 20

　2.2　北京畜牧业是农业中的重要组成部分 …… 23

　2.3　北京畜牧业在全国生产比例越来越小 …… 24

　2.4　北京畜牧业养殖水平较高 ……………… 27

　　2.4.1　养殖规模 …………………………… 27

2.4.2 单产水平高 …………………………… 28

2.5 北京畜产品消费市场广阔 ……………………… 29

2.6 北京畜产品供求缺口大 ………………………… 30

3 北京畜牧业水资源利用情况 ……………………… 31

3.1 北京畜牧业用水情况 …………………………… 31

3.2 北京畜牧业水资源污染情况 …………………… 33

3.3 北京畜牧业水费情况 …………………………… 35

3.3.1 肉鸡养殖水费情况 ………………………… 35

3.3.2 蛋鸡养殖水费情况 ………………………… 37

3.3.3 奶牛养殖水费情况 ………………………… 39

3.3.4 生猪养殖水费情况 ………………………… 41

4 北京畜牧业用水情况调研分析 …………………… 45

4.1 北京肉鸡生产用水情况调研 …………………… 45

4.1.1 数据来源与样本总体特征 ………………… 45

4.1.2 肉鸡养殖户用水情况 ……………………… 53

4.1.3 北京商品肉鸡养殖户污水处理的影响

因素分析 ………………………………… 57

4.2 北京奶牛养殖用水情况调研 …………………… 66

4.2.1 数据来源与样本总体特征 ………………… 66

4.2.2 奶牛养殖户用水情况 ……………………… 67

4.2.3 北京奶牛养殖户污水处理影响因素分析 … 69

5 北京畜牧业水资源利用基于 DEA 的效率分析 ……… 70

5.1 DEA 方法简介 ………………………………… 70

5.2 研究思路 ·················· 73

5.3 北京肉鸡养殖水资源利用经济效率分析 ·········· 73

5.3.1 DEA 变量和数据选择 ·········· 73

5.3.2 北京大规模肉鸡养殖水资源利用
经济效率分析 ·············· 74

5.3.3 北京中规模肉鸡养殖水资源利用
经济效率分析 ·············· 82

5.4 北京蛋鸡养殖水资源利用经济效率分析 ·········· 92

5.4.1 DEA 变量选择与数据分析 ········ 92

5.4.2 DEA 结果分析 ············· 96

5.4.3 结论 ··················· 101

5.5 北京奶牛养殖水资源利用经济效率分析 ·········· 101

5.5.1 北京大规模奶牛养殖水资源
利用经济效率分析 ·········· 101

5.5.2 北京中规模奶牛养殖水资源
利用经济效率分析 ·········· 112

5.6 北京生猪养殖水资源利用经济效率分析 ·········· 123

5.6.1 北京中规模生猪养殖水资源利用
经济效率分析 ·············· 124

5.6.2 北京大规模生猪养殖水资源利用
经济效率分析 ·············· 136

6 其他国家和地区畜牧业水资源利用经验分析 ·········· 149

6.1 其他国家和地区畜牧业水资源利用的
基本做法 ·················· 149

6.1.1 美国 ··················· 149

6.1.2　以色列 ·············· 152

6.1.3　法国 ·············· 154

6.1.4　日本 ·············· 157

6.1.5　埃及 ·············· 160

6.1.6　新加坡 ·············· 162

6.1.7　中国台湾 ·············· 163

6.2　各种畜牧业水资源利用经验总结 ·············· 165

6.2.1　加强立法，为畜牧业水资源的节约提供
法律基础 ·············· 165

6.2.2　不断完善污水处理系统，加强污水的
防治 ·············· 167

6.2.3　加强政府干预，制定政策 ·············· 170

6.2.4　推进农业灌溉技术的实施 ·············· 173

7　结论与政策建议 ·············· 175

7.1　主要结论 ·············· 175

7.2　政策建议 ·············· 177

参考文献 ·············· 181

后记 ·············· 185

1 导言

1.1 研究目的

改革开放以来我国畜牧业已成为农村经济的支柱产业，其产值占农村总产值的 30％以上，在农民新增收入中，畜牧业收入占 40％。从长远看，我国要全面达到小康水平，平均食肉量、食蛋量和乳制品必须达到国际平均水平，还要大力发展畜牧业。近些年，北京市畜牧业得到了迅猛的发展，畜牧业产值从 1978 年的 2.4 亿元猛增到 2013 年的 154.8 亿元，增长了约 64 倍，年均增长率 12.64％。2006 年北京猪肉产量为 27.3 万吨，2013 年为 24.63 万吨，减少了 9.78％；2006 年北京牛肉产量为 3.6 万吨，2013 年为 2.05 万吨，减少了 43.06％；2006 年北京羊肉产量为 3.0 万吨，2013 年为 1.2 万吨，减少了 60％；2006 年北京鸡蛋产量为 14.9 万吨，2013 年为 17.12 万吨，增加了 12.97％；2006 年北京牛奶产量为 61.9 万吨，2013 年为 61.46 万吨，减少了 0.71％。整体来看，北京近几年除了鸡蛋产量增长以外，其他畜产品产量均有所下降。2006 年北京农村居民每人消费猪肉 14.3 千克，2013 年为 16.2 千克，增长了 13.29％；2006 年北京农村居民每人消费牛羊肉 4.8 千克，2013 年为 5.1 千克，增长了 6.25％；2006 年北京农村居民家禽每人消费 2.4 千克，2013 年为 5.2 千克，增长了 116.67%；2006 年北京农村居民蛋类每人消费 9.2 千克，2013 年为 11.7 千克，增长了 27.17%；2006 年北京农村居民奶及奶制品每人消费 14.6 千克，2013 年为 16.8 千克，增长了 15.07%。整体来看，北京农村居民近几年畜产品人均消费量呈现上升趋势。1990 年全国城镇居民家庭平均每人全年猪肉现金消费支出为 18.46 元，2012 年为 21.23 元，增长了 15.01%；1990 年牛羊肉现金消费支出为 3.28 元，2012 年为 3.73 元，增长了 13.72%；1990 年禽类现金消费支出为 3.42 元，2012 年为 10.75 元，增长了 214.33%；1990 年鲜蛋现金消费支出为 7.25 元，2012 年为 10.52 元，增长了 45.10%；1990 年鲜奶现金消费支出为 4.63 元，2012 年为 13.95 元，增长了 201.30%。整体看来，全国城镇居民家庭平均每人全年畜产品现金消费支出呈现增长趋势。综合来看，近些年，北京市畜牧产品产量整体在下降，而北京居民对畜产品的需求又不断上升，这样长久下去，供需缺口会越来越大。虽然近两年畜牧业的发展受到了一定的制约，但畜牧业仍然是北京市整体经济发展和保障民生的重要组成部分。根据北京市的特色情况，北京市政府提出了建设都市型畜牧业的发展目标：北京市畜牧业将以都市型现代农业发展为主脉，以转变养殖结构方式为主线，适应北京市城市化建设需求为目标，启动《北京市畜牧业发展规划（2010—2015 年）》，按照"两心三区四带五网络"的区域布局，推进 5 项重点工程建设，打造结构合理、品质优良、效益明显、环境友好的都市型现代畜牧业产业体系。

畜牧业在发展过程中，会对环境产生很大的影响。根据 2006 年联合国粮农组织发布的《畜牧业长长的阴影——环境问题与解决方案》（Livestock a major threat to environment-

Remedies urgently needed)，畜牧业在全球范围不仅造成了严重的环境污染，而且也正在进入对稀缺的土地和自然资源的直接竞争之中，放牧活动占用了地球陆地面积的 26%，而饲料作物的生产则需要全部可耕地的大约 1/3。[①]

水是生命之源，量足质优的水资源是畜牧业健康安全发展的前提。畜牧业对水的需求不仅要考虑畜禽直接饮水问题，还要考虑相关的饲料生产、畜舍清洁、初级产品加工方面的用水，以及畜牧业用水对整体水资源环境的影响、对其他产业的影响。其次，牲畜的饮水量充足与否直接影响其产量与质量，家禽饮用足够的水也能增加食物摄取量，提高生长速度和蛋的产量。最后，对于牲畜而言，水的质量同样十分重要，其饮水标准十分接近于人类的生活饮用水标准，个别指标甚至更高，如幼畜和禽类饮用水中的总大肠菌群个数要求比人类的还要少。所以，水的质和量对畜牧业的安全健康发展有直接影响。

众所周知，牲畜业是高耗水行业。联合国教科文组织的一项研究表明，全球 29% 的农业用水"与生产肉类食品有关"，畜牧业中 98% 的用水被用来生产谷物饲料，其中包括玉米、大豆和小麦等。FAO 的资料宣称：肉食消耗的水是粮食的 10 倍，1 个汉堡的耗水量是 1 个苹果的 30 多倍，一个土豆的 96 倍，而且农业用水占总用水量的 70%。[②] 与此同时，中国又是一个水资源利用效率不高的国家。中国生产 1 吨饲料用小麦需要耗费 455 立方米的"蓝水"（地表和地下水）和 839 吨"绿

---

① 孟祥海，张俊飚，李鹏. 中国畜牧业资源环境承载压力时空特征分析 [J]. 农业现代化研究，2012，33（5）：556-560.

② 资料来源：http：//www. savetheplanet. org. cn/gb/activities/report/water 2010. html.

水"（非径流的雨水）。虽然在世界教科文组织的统计中，中国的饲料用小麦耗水量并非全球最高（最高为澳大利亚），但仍然超过了印度、德国和埃及。中国用来生产 1 吨饲料用玉米的"绿水"为 791 立方米，低于全球平均水平，但高于美国的 523 立方米。动物需要食用的饲料越多，耗水量自然越大。研究人员发现，生产肉类食品的耗水量总体上比生产粮食的耗水量大。根据联合国教科文组织的报告结论，"……牲畜的生产和消费是耗尽和污染全球稀缺淡水资源的重要因素。"而这一结论也是中国的现状。

现实是，中国是一个极度缺水的国家。人均水资源占有量仅为 2 200 立方米，约为世界各国平均数的 1/4，而且水资源时空分布很不均匀，与土地、矿产资源等分布组合不相适应，造成不少地区水旱灾害频繁，水资源供需矛盾突出和水资源开发利用困难等问题，特别是北方干旱地区，水资源短缺和污染已成为该地区经济社会发展的瓶颈。目前我国约 1/4 人口面临饮水安全问题，在 663 个建制市中，有 400 多个城市缺水，其中严重缺水城市有 110 个。随着社会经济的快速发展，我国水资源短缺现象已呈现出越来越严重的态势。

北京已经成为世界上缺水最严重的大城市之一。水资源主要来源于地区降水，以及从河北、山西等地区流入境内的地表径流，多年平均水资源量约为 37.4 亿立方米。随着近几年的连续干旱和上游水库来水量的逐年减少，目前北京市正处于历史最大枯水期，从 1999—2009 年平均水资源量约为 21.2 亿立方米，仅为多年平均值的 57%。2005—2009 年，北京地区延续了 1999 年以来的持续干旱，年平均降水量约为 500.2 毫米（其中 2008 年为 638 毫米），比多年平均 585 毫米少 14.5%；

密云、官厅两大水库来水量锐减，平均来水量约为 3.55 亿立方米/年，比总体规划预测的枯水年可利用量 6.5 亿立方米/年少 45.3％；地下水资源量平均约为 18.62 亿立方米/年，比多年平均可利用水资源量 24 亿立方米/年少 22％①。2011 年北京市人均水资源量已降至 100 立方米，大大低于国际公认的人均 1 000 立方米的缺水警戒线，等于已破国际警戒线的1/10，北京缺水形势异常严峻。在这样的大环境下，发展畜牧业面临着更多的来自于水资源方面的制约。

在北京都市型畜牧业发展规划中，提出节本增效节能减排的大原则，也就是根据都市型现代畜牧业与生态环境和谐发展的要求，充分发挥都市型畜牧业的"生产、生态、生活、示范"功能，发展节约型、生态型、环境友好型畜牧业，促进北京市畜牧业可持续发展。这其中就包括要节约水资源。

从经济学角度来看，要想节能减排，就是要提高资源的使用效率。因此，本研究从水资源的经济效率出发，对北京市畜牧业水利用过程的效率进行分析，探讨是否在现有技术条件下达到了最大的效率，找出哪些因素会影响效率，以此为基础为北京市发展节水型畜牧业提出相应的政策建议。

1. 2　研究意义

畜牧业是植物资源的再生产和再利用。据资料表明，畜禽自体水含量一般都在 60％左右，畜牧业与水的天然联系，决

---

　　① 此处数据来源于：魏保义，张卫红，张晓昕. 建设世界城市：北京市水资源的安全保障 [J]. 北京规划建设，2010（6）：35 - 36.

定了这一产业是一个高耗水产业。发展都市型畜牧业既是一个资源高效利用的问题，尤其是水资源高效利用的问题。本课题对北京市畜牧业水资源经济效率进行研究，本研究课题有以下三个方面的意义：

第一，提高水资源经济效益有利于提高养殖户的养殖收益。提高畜牧养殖水资源经济效益是减少生产投入、降低生产成本、增加经济效益的需要。合理地节约水资源，能够减少生产成本的投入，有效提高饲料报酬，增加养殖收益。

第二，提高水资源经济效益是转变畜牧业生产方式和模式、实现科学饲养与可持续发展的需求。节水型畜牧业转变了传统饲养方式，使畜牧业发展建立在水资源高效合理利用基础之上，建立起水—草（料）—畜的平衡体系，推进了秸秆畜牧业和草地畜牧业的发展，促进了种植业二元结构向三元结构的转变，有利于提升畜牧产业级次，推动传统养殖模式向高效清洁化畜牧业生产模式转变。

第三，提高畜牧业用水效率有利于把北京建设成世界城市。在用水效率方面，北京市用水水平远低于纽约、伦敦、东京三座城市。为了统一口径以便比较分析，将北京市用水量扣除农业用水和河湖景观用水，则北京市人均用水量与伦敦、东京基本相当，比纽约低很多；而万元 GDP 用水量却比纽约、伦敦、东京高十余倍，主要是由于北京生产方式落后所导致的[1]。通过对畜牧业的研究可以转变畜牧业落后的生产方式，为世界城市的建设做出贡献。

① 魏保义，张卫红，张晓听.建设世界城市：北京市水资源的安全保障［J］.北京规划建设，2010（6）：37.

1.3　水资源国内外研究现状

1.3.1　国外研究现状

从 20 世纪 60 年代开始，随着世界经济的繁荣与发展，世界各地水资源问题日益突出，人们对经济的发展与水资源之间的关系做了大量的研究。

国外的研究较早，美国早在 20 世纪 50 年代就开始了这方面的研究。Bellman 1957 年在《动态规划》（Dynamic Programming）一书中研究了水资源最优化问题。随后，1966 年 Hufschmidt 和 Fiering 在《水资源系统设计的模拟技术》中也提出了综合利用水资源的一些新的方法。1972 年加利福尼亚大学的 Carter 等人在提出利用地区间投入产出模型后，研究了美国加利福尼亚州和亚利桑那州两州对科罗拉多州河流河水的利用和分配问题。在 1998 年的国际投入产出技术会议上，Bouhia 提出了水资源投入产出分析（Input-Output Analysis，IO）模型以及水价计算方法。这些都是水资源地区层面的研究，而国家层面的研究则起步更晚，直到 2001 年，Lenzen 和 Foran 才对澳大利亚的水资源利用状况进行了投入产出分析，从供需的角度为水资源相关的政策制定提供了参考依据。2002 年，Duarte 等人也利用投入产出分析模型中的 HEM 方法研究了西班牙 经济活动中各部门产业的水资源消耗状况，并计算了它的前向效应和后向效应，从而确定了水资源消耗的重要部门，为产业结构调整提供了很有针对性的数据参考。

Mallin（2003）估算出美国北卡罗来纳州沿海平原的集约化养殖场粪便中氮和磷排放量分别为 12.4 万吨和 2.9 万吨，

认为集约化养殖场是水生生态系统中氮和病原微生物污染的主要污染源。Hooda 等（2001）对加拿大和新西兰的集约化养殖场研究发现，长期施用畜禽粪肥的土壤中氮积累明显。现有的对畜牧业环境污染防治政策的研究主要集中于水污染防治领域，畜牧业对水体的污染属于农业面源污染范畴，国内外学者对其防治政策进行了广泛研究。Griffin 和 Bromley（1982）借鉴排污收费和排污标准等点源污染治理政策，从理论上对农业面源污染控制政策进行了系统分析，提出了 4 类农业面源污染控制政策，分别是基于投入的税收与标准、基于预期排放量的税收与标准，分析表明：在合理设定参数的前提下，所提出的 4 类农业面源污染控制政策均能以最低成本实现污染控制目标。Shortle 和 Dunn（1986）在考虑农户与管制机构之间的信息不对称性以及农业污染物排放的随机性前提下，对 Griffin 和 Bromley 提出的 4 类政策的相对效率进行比较，认为在不考虑政策交易成本的情况下，基于投入的税收控制政策优于其他 3 种政策。

Wu 等（1995）以美国南部高原地区为例，运用 EPIC - PST 和数学规划模型，比较了氮肥税、氮肥施用量标准、灌水税和灌溉技术补贴 4 种政策的相对效率，并分析了各种政策对农户生产决策所产生的影响及其对农户收益、社会福利所引起的相应变化，研究得出：从农户角度来看，氮肥施用量标准要优于两种税收政策；从社会角度来看，氮肥税要优于氮肥施用量标准，但无论从社会角度还是从农户角度来看，灌溉技术补贴政策的效率最高。Segerson（1988）认为由于面源污染的特殊性，直接对每个污染者的生产行为进行监测很难做到，更无法从水质监测结果准确地推断他们的生产行为，并根据这种判断提出了基于水质的农业面源污染控制激励政策，即当水质达标，对污染者进行补偿；当水质未达标时，对污染者进行处罚。但 Hansen（1998）指出当污染损害是水质的非线性函数时，Segerson 所提出的激励政策因为管制机构极难获得污染者的生产成本函数与污染物排放函数信息，即便能够获得成本也极其高昂，这种基于水质的激励政策会促使污染者进行合谋，从而会造成效率损失。为避免信息获得成本过高和生产者合谋问题，Hansen 提出用水污染损害来替代水质激励的农业面源污染控制政策。

1.3.2　国内研究现状

　　吴书清（2014）在文章中提到，2012 年 11 月，党的十八大明确提出了建设生态文明的总要求，强调"要节约集约利用资源，推动资源利用方式根本转变，加强全过程节约管理，大幅降低能源、水、土地消耗强度，提高利用效率和效益"。2014 年 1 月 1 日，国务院《畜禽规模养殖污染防治条例》正式施行，成为我国首个国家层面上专门的农业环境保护类法律法规。当前形势下，发展农牧结合的生态养殖对于畜牧业可持续发展、提升养殖综合效益、改善农村环境和建设生态文明都具有重要的现实意义。曲武（2011）提出，吉林省西部属于半干旱地区，水分匮乏成为限制人工草地发展的瓶颈。因此建立有效的节水灌溉体系对于吉林省西部人工草地的发展至关重要。杨进朝（2006）对宁夏的水资源状况进行了客观的分析，总结和归纳了宁夏的水资源问题，主要是：① 缺水状况日益严峻；②水资源利用效率很低；③水资源与土地、人口分布不相匹配；④地下水与地表水没有达到优化配置和合理调配。针对宁夏的水资源和环境地质问题，提出了水资源与环境可持续发展的对策与措施：①大力推广节约用水，提高人们的节水意识；②采取综合措施治理土壤次生盐渍化；③提出了南部山区的开发利用模式；④采取综合措施治理宁夏土地荒漠化、沙漠化；⑤合理调整农业用水价格；⑥提高工业用水的重复利用率，更严格地控制污染；⑦建议勘探银川平原深部水资源；⑧建议国家尽早实施南水北调西线工程。王晓峰（2003）提出，水资源贫乏是制约我国国民经济发展的又一重要因素。我国人均水资源仅为世界人均的 1/4，已被联合国列为 13 个缺水国之一。特别是在占粮食播种面积 55％的东北、华北和西北地区，水资源只占全国总量的 14.4％，黄河已连续十几次断流，1997 年断流长达 226 天。此外，我国水资源浪费、利用效率低更加剧了供需矛盾，畜牧业发展也是如此。关注养殖业用水也就是关心我们的生活。

　　孟祥海（2014）经过研究得出，我国畜牧业在迅速发展的同时，环境污染问题显现。基于环境承载力和生命周期理论的实证分析表明，我国畜牧业环境污染形势严峻，畜牧业氮磷排放造成水体和土壤环境的承载压力超标的同时，畜牧业温室气体排放总量呈上升趋势，已成为新的环境污染问题。与改革开放初期相比，我国畜牧业综合生产能力显著增强，人均畜禽产品占有量大幅提高，畜禽产品结构逐步优化，形成了区域化的畜禽生产布局，畜禽养殖标准化、规模化水平提高，畜禽良种建设成效显著，已建立起完善的畜牧技术推广体系，畜禽养殖上下游产业链间进一步融合，涌现出广东温氏、中粮肉食、新希望、罗牛山、雏鹰农牧等一系列大型畜禽养殖企业集团，加速了我国畜牧业现代化进程。运用 EKC 理论验证我国畜牧业环境污染与经济增长之间的关系发现：畜牧业对水体和土壤造成的环境污染与人均 GDP 之间符合倒"U"形曲线关系，且已跨过曲线"拐点"呈良性发展趋势。刘娜（2010）指出，我国水资源问题由来已久，特别是在人口持续增加和工业化程度不断提高的形势下显得日益突出，主要表现为两个方面：即水资源短缺和水环境污染，其中最严重的是水污染问题。

方德林（2014）研究表明，河南省的农业部门与水的生产与供应业、建筑与服务业的直接联系并不紧密。农业部门对食品及其他制造业的转移效应比闭环效应大，表明河南省的食品及其他制造业与农业的直接关联比较紧密。河南省的产业部门中农业生产部门以及水的生产与供应业与生产要素水资源的联系十分紧密。当对农业部门分别增加 1 000 个单位的外部注入时，将分别导致水资源费用的增加为 4.951 个单位、2.554 个单位、4.173 个单位、3.41 个单位和 4.556 个单位；对水的生产与供应业增加 1 000 单位的外部注入时，将导致水资源费用增加 717.076 个单位；当外生注入为 1 000 元时，农业部门以及水的生产与供应业对水资源的需求分别增加 190.423 立方米、98.231 立方米、160.5 立方米、131.154 立方米、175.231 立方米和 385.525 立方米。张小君（2013）首先介绍了投入产出分析的基本原理和编制投入产出表的基本方法，在此基础上，编制了黑河中游甘州区 2002—2010 年投入产出表、混合型水资源投入产出表和水资源投入产出表；其次运用结构分解分析模型分析了其水资源利用的影响因素；再次从水资源利用的影响因素出发，运用假设抽取法、乘数分析法和结构化路径分析法从局部的角度总结其水资源社会经济系统循环规律；最后将投入产出表中的流量数据转换成网络流量图，运用上升性理论从整体的角度总结其水资源社会经济循环规律。蔡国英（2013）采用投入产出分析方法，以黑河流域中游的张掖市为例，将传统的价值型投入产出表和水资源利用的实物型投入产出表相结合，构建了混合型水资源投入产出表，并估算了张掖市各行业的直接用水系数、用水乘数、直接产出系数、产出乘数以及综合用水特性。结果表明：张掖市种植业、畜牧业和其他农业的用水效益和用水效率远低于其他行业，直接耗用水程度较高，而直接产出一般，张掖市过度依赖种植业的产业结构特征造成该地区对水资源过度依赖。因此，调整产业结构，实施高效的节水措施，适当降低农业尤其是种植业在国民经济中的比重，是解决张掖市水资源危机的有效途径。马忠等（2014）提出，实物型投入产出模型更适合用于核算与量化分析经济系统与资源环境间直接及间接的耦合关联。采用 Helga Weisz 的方法，通过价值型向实物型表转换，编制完成张掖市实物型投入产出表。基于实物型投入产出模型，对张掖市各部门水资源利用在社会经济系统中迁移特点和部门关联程度及乘数进行分析。结果表明：实物表为我们提供了新的分析视角，此方法的应用在资源环境领域的应用具有相当的适用价值。间接需求对水资源影响不容忽视，每个部门的乘数作用很大程度影响该部门在虚拟水战略中的地位和作用。畜牧业、制造业、建筑业在张掖市水资源利用部门关联中作用突出，应作为水资源社会化管理重点关注的部门。

王树强（2013）论述了地下水资源的分层分类管理制度。基于地下水独特的特性与现有的法律规定，通过地下水资源评价，特许许可证以及严格的地下水监测制度来实施分层分类管理，并综合运用各种节流措施提高地下水资源的利用效率。李世鹏（2012）分析了新疆农业产业结构调整的现状、结构特征、结构调整以及结构的效应，确定了新疆农业产业结构调整的关键在于如何对有限的资源进行高效率的利用，其核心部分就是提高土地资源和水资源的利用效率，在有限资源的基础之上发展快速、高效、高产的新型农业。赵金燕（2012）研究发现，农民专业合作社能够有效地推动循环农业的发展，在循环农业的整个模式流程中，担任循环农业相关理论的宣传者，以及农业资源的有效利用者，在创造利益的过程中，担任了利益的联结者，不仅经济效益提高了，也改善了农村的生态环境，无形之中又成了农村环境保护的带动者；农民专业合作社作为循环农业模式发展的主体，两者的结合定会在未来农业的发展过程中创造更好的效益。陈勇（2006）认为供需分析是采取对策的基础，作为能源重化工基地的陕北农牧交错区，未来水资源供需矛盾逐渐突出，为使水资源能够可持续发展，采取五方面措施满足国民经济各部门对水资源的需求：加强全区水资源研究，为水资源合理利用奠定基础；节约水资源，提高水资源的利用效率；建设水源工程，增加水资源的供应能力；加强水资源保护，改善全区生态环境；加强水资源的管理，合理利用水资源。丁金英（2007）指出，在红寺堡灌区大力发展种草养畜产业，有利于保护性耕作制度的建立，对于改良土壤，培肥地力，提高水资源的有效利用，提高土地和光热资源的利用效率有着积极的作用。通过种草养畜，可以发挥畜牧业的商品优势，发挥当地的区域比较优势，实现经济发展和生态建设的协调和统一，使移民尽快走上脱贫致富的道路。

李成（2011）在文章中重点指出了沿淮低洼地区农业结构

优化战略性方向，一要根据自然资源条件，优化种植业结构。沿淮低洼地农业结构要紧紧围绕水资源做文章，针对洼地不同的地理高程，宜农则农，宜渔则渔，宜林则林，设计构建不同的生态经济模式。重点围绕低洼地区发展优质稻米生产、专用小麦生产、无公害蔬菜生产等产业，努力实现专业化生产、集约化经营，优化农业生产的区域布局。二要发挥优势，避害趋利，发展草食动物养殖。要积极推进畜牧业集约化、产业化经营，把畜牧业逐步培育成沿淮低洼地流域农业中的一大产业，在稳定生猪和禽蛋生产的基础上，加快牛、羊、鹅为主的草食畜禽业的发展，逐步提高草食动物在肉类总产量中的比例。从浙江省畜牧业转型升级十大模式中的鄞州全区域大循环模式中可以看出，率先创建政府引导、市场化运作的沼液物流配送服务体系，整县制推进排泄物资源化利用，为突破生态循环农业点状、线性、局部发展格局，提供了成功经验。梁仲翠（2014）指出，畜禽养殖业产生的污染和工业污染不同，畜禽粪尿是很好的肥源，是农业生产的宝贵资源。针对畜牧业污染，提出七点建议：健全有效的环境保护管理制度、加强防治污染的适用技术培训、规范要求养殖场、积极制定优惠政策支持种养平衡一体化、加大大型沼气池建设项目争取力度、大力推广生态养殖特别是微生态发酵床养猪（鸡）技术、按照"全面规划、合理布局"原则，科学规划养殖区域。吕凤莲（2015）针对"思想观念陈旧，节水意识淡薄"问题提出，要加大水是首要资源的宣传教育，尤其要在乡村开展宣传教育活动，提高人们对水资源的认识，提高人们的节水意识，形成人人爱惜水、人人节约水、人人维护水的良好社会氛围。姜再明（2011）针对当前怀柔区养殖业发展面临的污染严重、养殖效率还有较大增值空间、资源紧缺等问题，养殖业的发展必须按照"人文北京、科技北京、绿色北京"的总体思路，创新发展模式，一抓项目资金，通过重点项目引进实施，以富民的龙头带动为主，实现产业富民；二抓产业升级，化解现在产业发展中的矛盾，改变发展理念，管理上规模、上档次，建立长效发展机制；三抓养殖领域的安全，加强对动物疫情的防控；四抓科技，突出科技的服务和支撑作用，加大农业科技投入力度，健全完善现代农业科技创新体系，进一步突显科技服务"三农"的巨大作用；五抓执法监督，全面推动资源合理聚集，调整产业结构，加快一、二、三产的融合渗透，从而实现并加速农业产业现代化，推进都市型现代农业全面发展。曹天义等（2007）对畜牧业节水的思考中提出，一是从思想认识上求突破。必须在行业内部进行观念转变，要改变畜牧业不可能节水的旧思想，树立节水型畜牧业新意识，要指导生产者在饲养方式转变上下工夫。同时，在节水时，拓展和延伸节水型畜牧业范围，把种草涵养水源纳入节水型畜牧业范畴。二是从实施措施上求突破。要大力发展草地畜牧业，优先发展肉牛、肉羊业。水、草、畜共同构成草地生态环境基本结构，通过这一系统完成草地生态系统的循环与转化。三是从扶持政策上求突破。要培养节水型畜牧业典型。从节水机具的引进推广，到牧草种子的贮置，青贮池的建设等方面给予资金扶持，以此推动节水型畜牧业快速发展。周琼（2009）经过研究得出，我国台湾主要通过加强畜牧场减废与资源再利用、推广畜牧业养殖污染防治技术和加强畜牧业污染防治管理等对策和畜牧业水污染防治、空气污染管制、废弃物清理、资源回收再利用的环保法令防治畜牧业污染。借鉴其畜牧业污染防治对策和立法管理经验，从加大财政环保投入、加强清洁生产科学研究、健全污染防治立法、适度限制畜禽养殖场所与规模等方面提出促进大陆畜牧业污染防治的对策建议。

1.3.3 文献述评

总览学界已有研究，畜牧业扩张引发的水资源问题已十分严峻。学界在畜牧业水资源领域已有大量研究，并对畜牧业水资源污染问题进行了初步探索。从研究时间上来看，国外早于国内。从研究方法上，运用 DEA 和 FSD 方法研究畜牧业水资源问题的比较少。在研究内容方面，大多学者从环境污染、水资源投入产出、畜牧业结构调整等方面进行研究，从水资源经济效率方面缺乏相关政策研究，尤其是针对北京市的畜牧业水资源经济效率的分析几近空白。本研究旨在探究北京畜牧业发展中水资源短缺和污染问题，提出适于北京畜牧业发展实际的提高经济效率的策略，具有良好的理论和实践价值。

1.4　主要研究内容

第一部分：导言

详细介绍研究背景、研究目的和国内外研究动态。导论是整个研究的一个鸟瞰。首先就研究的选题和研究意义做出说明，其次，是文献综述部分，通过阅读、整理和分析国内外文献，对相关研究的发展脉络进行总结和述评，以此为基础来确定书稿在前人研究基础上所需展开的工作。然后，介绍书稿的研究思路和技术路线，在技术框架的逻辑下，对全书主要研究的内容做一个简要介绍，以及分析研究时所使用的研究方法。

第二部分：北京畜牧业发展情况

对北京市畜牧业发展的历史和现状进行分析研究，涉及畜牧业的生产和消费状况。目的在于了解北京畜牧业发展的基本情况，为后续研究提供基础资料。

第三部分：北京畜牧业水资源利用情况

在这一部分首先分析北京市总体农业水资源利用的状况，其次，对畜牧业的水资源利用情况进行分析，选取北京市主要畜牧业项目（牛、禽类）作为研究对象，一方面通过二手数据分析总体畜牧业水资源利用状况，另一方面通过对生产单位（包括农户和大型养殖场）的调查掌握其实际的水资源利用状况（包括用水量、污水的处理情况等）。在此基础上，进一步探讨畜牧业养殖中出现水资源问题的原因。

第四部分：北京畜牧业水资源利用的现状及经济效率分析

利用相关数据，采用数据包络分析模型（DEA），将畜牧业生产单位的各项投入及总耗新水量作为重要的投入变量，分析畜牧业各生产单位的生产效率，并计算出各生产单位距离效率前沿面、测算出耗新水可降低的空间。同时，比较不同规模的畜牧业生产单位在水资源利用上生产效率的差别。包括第四章和第五章。

第五部分：其他国家和地区畜牧业水资源利用经验分析

选取美国、以色列、法国等国家和地区对其在发展畜牧业过程中充分合理利用水资源的各种经验做法以及出台的各种政策进行汇总，总结出可以为我们所利用的部分。

第六部分：结论与政策建议

在分析北京畜牧业水资源利用状况，以及测算其利用效率和影响因素的基础上，参考发达国家和地区的经验，提出北京市可以操作的各种政策选择。

1.5　主要研究方法

（1）调查法

以畜牧业生产单位为研究对象，通过入户访谈填写问卷的调查方法，获取较为翔实、准确的数据。在样本选择时采取分层抽样的方法。

（2）DEA

本书在测定畜牧业生产单位水资源利用的效率时采用DEA 的方法。

假设有 N 个样本（决策单元），每个样本有 K 种投入和 M 种产出。对于第 i 个样本投入产出量分别为 x_i、y_i。投入矩阵 $X=K \times N$，产出矩阵 $Y=M \times N$，代表所有 N 个决策单元的数据。对于每一个决策单元，我们可以得到所有投入与所有产出的比值，如 $u'y_i/v'x_i$，其中 u 是一个 $M \times 1$ 的向量，v 是 $K \times 1$

的向量。我们可以用数学规划的方法来寻找最佳的 u、v。

计算得出的 TE 可以分解为两个部分：纯技术效率和规模效率。通过运行 CRS、VRS 两个 DEA 模型，对于同一个决策单元如果得到的是两个不同的 TE，说明这一决策单元具有规模效率，通过 VRS 的 TE 值比上 CRS 的 TE 值得到。

对于本研究所应用的方法会在相关章节进行详细的介绍。

1.6　技术路线

对于北京市畜牧业水资源利用情况的分析从两个方面进行。一方面是进行宏观分析，研究北京市农业水资源利用的总体情况，进而分析北京畜牧业水资源利用的情况，测算水资源利用压力。另一方面也是本书的重点，对微观——畜牧业生产单位进行调研，测算水资源利用的经济效率（图 1 - 1）。

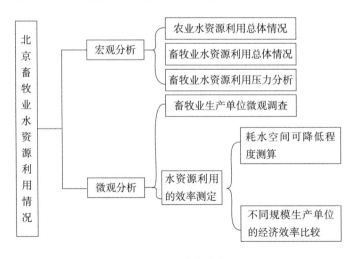

图 1 - 1　技术路线

2 北京畜牧业发展情况

2.1 北京畜牧业发展历史悠久

北京家禽养殖的历史悠久，农户有传统的养殖习惯。1949年前我国仅在北京和部分沿海城市郊区、东北中东铁路沿线草原地区有少量规模很小的畜牧业养殖，尤其是奶牛养殖。

新中国成立以来以及改革开放以来北京家禽业发展历程如表2-1、表2-2所示。

表2-1　北京养殖业发展历程

时间	1949—1975年	1975—1997年	1998年至今
阶段	家庭散养-副业	规模化养殖	多种经营模式共存
特征	散养、农户；生产水平和产业化程度低；供不应求	机械化养殖、专业户；引进育成品种，技术全国领先，供求基本平衡；规模化、工厂化经营	大规模机械化、公司化；引进与自育品种，技术全国领先；供求平衡；合同养殖、产权式养殖模式
宏观政策背景	人民公社化和"大跃进"，"三年困难时期"和"文化大革命"时期，养殖业屡遭重创。1961年党中央提出了调整、巩固、充实、提高的八字方针，国民经济进入调整期，畜牧业恢复了以私养为主，农村家庭养殖业得到了恢复和发展	1975年政府号召大力发展社队集体畜牧养殖，1988年，大中城市建设"菜篮子"工程，建立规模化养禽场	国土资源部、农业部相关政策和对农村经济合作组织扶持政策的出台

资料来源：根据相关资料本人整理而得。

表 2 - 2　改革开放以来北京畜牧业的发展历程（政策角度）

发展阶段	国家主要政策及文件
调整改革阶段 （1978—1984 年）	《中共中央关于加快农业发展若干问题的决定》（1979） "继续鼓励社员家庭养猪养牛养羊，积极发展集体养猪养牛养羊" 《关于加速发展畜牧业的报告》（1980）
快速发展阶段 （1985—1996 年）	《关于进一步活跃农村经济的十项政策》（1985） "菜篮子工程"（1998）
结构调整阶段 （1997—2006 年）	《中共中央关于农业和农村工作若干重大问题的决定》（1998） 《关于加快畜牧业发展的意见》（1999）
发展方式转变阶段 （2007 年以来）	《国务院关于促进生猪生产发展稳定市场供应的意见》（2006） 《国务院关于促进奶业持续健康发展的意见》（2006） 《国务院关于促进畜牧业持续健康发展的意见》（2007）

资料来源：根据相关资料本人整理而得。

　　改革开放之后，北京畜牧业得到了前所未有的大发展，畜牧业产值从 1978 年的 2.4 亿元猛增到 2013 年的 154.8 亿元，年均增长率 12.64%（图 2 - 1）。

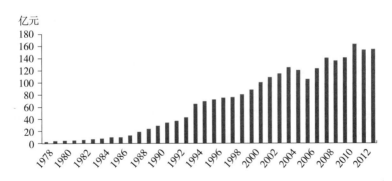

资料来源：《北京市统计年鉴》。

图 2 - 1　1978—2013 年北京市畜牧业产值

　　在 20 世纪 90 年代初期之前，北京畜牧业迎来了发展的春天，产量上快速发展，技术上处于全国领先。

　　1985 年到 1992 年期间，北京牛奶产量呈直线型增长，是

奶牛业快速发展的黄金时期，牛奶总产量由 13.5 万吨增至
24.5 万吨，增长 1.8 倍。短短 8 年，奶业有如此持续高速的
增长，主要有三个契机，一是改革开放以来，国家一系列的农
村改革政策，使个体饲养量迅猛增长；二是 1988 年开始实施
"菜篮子"工程，明确提出"大中城市实现牛奶自给 70%；建
立东北、河北东部、江苏北部等十片奶牛基地"的要求和部
署。加大了对"菜篮子"工程的投入、加强了基础设施建设，
促进了奶业的发展；三是科学技术积极应用于奶牛生产，使奶
牛业逐步走向科学化和现代化（魏克佳，2002）。

北京家禽业的快速发展始于 20 世纪 80 年代初，当时，国
家提倡"菜篮子"工程，兴办的大型饲养场不仅满足了市场需
求，改善了人民生活，也推动了郊区畜牧业发展，带动了全国
养禽业的发展。全国现代化养鸡始于北京，北京现代化养鸡生
产体系，以机械化为发端，从良种繁育、配合饲料、兽医防疫
到养鸡工程实行同步、配套建设，在全国起到了先导示范作
用，带动集体和大批专业户养鸡。不到十年时间就做到保障市
场供应，基本解决了吃蛋难、买不到肉的问题。此时期，北京
市场禽蛋和禽肉的自给率最高。1982 年 10 月始建北京华都肉
鸡联营公司，1985 年成立了以生产经营肉鸡为主的北京大发
畜产公司，该两个公司的成立从根本上改变了北京肉鸡生产的
落后面貌。两公司均饲养肉鸡良种，向联营单位、队、户提供
种雏或商品肉鸡雏，除公司商品肉鸡场外，主要靠广大郊区
社、队、户饲养。特别是 20 世纪 80 年代末至 90 年代初，农
村实行了土地承包制，农村、农民有了余粮，开始利用承包土
地和自家庭院，因陋就简，参与家禽养殖，"小规模、大群体"
的养殖模式就此形成，这是 20 世纪 90 年代具有中国特色的养

殖模式。公司向饲养户提供良种雏、饲料和技术，负责收购出栏肉鸡，屠宰加工后再上市。

北京生猪养殖也在 1985 年取消了生猪的统购派购，实行有指导的议购议销，猪肉价格在计划指导下由市场自由调节，同时财政给予食品公司价格倒挂补贴，以保证食品公司主渠道地位的政策，调动了生产者的积极性，北京猪肉产量出现明显的增长。尤其是 1988 的利好政策和国家注资等方面，猪肉产量呈现快速增长，这种快速增长一直持续到 1992 年。1993—1997 年北京生猪生产也出现了徘徊波动状况，直到 2000 年之后基本处于稳定状态。

2.2　北京畜牧业是农业中的重要组成部分

改革开放之后，北京畜牧业也取得了长足的进步。畜牧业占农业中的比重逐年提高，2004 年达到 52.92％，2005 年之后随着北京市畜牧业发展目标的调整，比例有所下降，到 2013 年为 36.7％（图 2-2）。

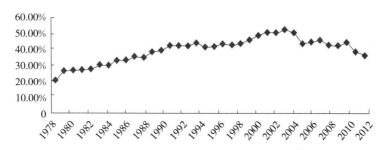

资料来源：《北京市统计年鉴》。

图 2-2　北京市畜牧业生产总值占农林牧渔生产
总值的比重(1978—2013 年)

虽然随着北京经济的发展，农业产业占 GDP 的比重越来越低，北京农业的格局也发生了深刻的变化，都市型休闲观光农业逐步发展起来，但在这种情况下，北京畜牧业仍然占据北京农业的半壁江山，见表 2-3。

表 2-3　2009—2013 年北京农业、畜牧业和家禽产业产值情况

年份	2009	2010	2011	2012	2013
农业总产值（万元）	3 149 534	3 280 226.5	3 631 375.5	3 957 128.8	4 217 827.9
畜牧业产值（万元）	1 360 831	1 395 762.5	1 627 269.9	1 541 607.2	1 547 519.2
畜牧业占农业百分比（%）	43.20	42.56	44.81	38.97	36.7

资料来源：《北京市统计年鉴》。

2.3　北京畜牧业在全国生产比例越来越小

虽然北京畜牧业在北京农业中占据半壁江山，但北京畜牧业产值跟其他省区快速发展的态势相比，发展速度最近几年比较慢，因此，从 20 世纪 90 年代开始北京畜牧业占全国的比重越来越小。

从图 2-3 可以看出，改革开放以来，北京畜牧业产值占全国比重最高的年份也才不到 1.6%，进入 90 年代以后更是一路下滑，目前这一比重只有 0.54% 左右。因此可以说北京畜牧业从数量上来看对全国畜牧业的影响微乎其微。

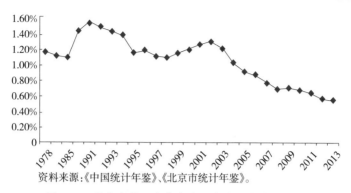

资料来源:《中国统计年鉴》、《北京市统计年鉴》。

图 2 - 3　北京畜牧业产值占全国畜牧业产值的比重

表 2 - 4　北京主要畜产品产量占全国畜产品产量的比重

年份	肉类	牛奶	禽蛋
1996	0.83%	3.33%	1.26%
1997	0.76%	3.69%	1.25%
1998	0.76%	3.43%	0.89%
1999	0.78%	3.35%	0.74%
2000	0.82%	3.67%	0.71%
2001	0.88%	4.18%	0.67%
2002	0.92%	4.24%	0.62%
2003	0.87%	3.62%	0.62%
2004	0.79%	3.10%	0.58%
2005	0.69%	2.33%	0.56%
2006	0.56%	1.94%	0.52%
2007	0.70%	1.77%	0.62%
2008	0.62%	1.87%	0.56%
2009	0.62%	1.92%	0.56%
2010	0.58%	1.79%	0.55%
2011	0.56%	1.75%	0.54%
2012	0.52%	1.74%	0.53%
2013	0.49%	1.74%	0.61%

资料来源:《中国统计年鉴》、《北京市统计年鉴》。

从畜产品的角度来看，三大类产品的比重均成下降趋势，但要注意的是，2005 年以后这一比重就比较稳定了，说明北京畜产品的生产已经呈现了稳定的状态（表 2-4）。

像北京这样的大中城市，畜产品产量在全国所占的比例逐年下降，这是由于畜牧养殖需要大量的饲料供应，比较适合在饲料资源比较丰富的地区，如拥有草场资源的内蒙古，玉米资源的黑龙江。此外，随着经济的发展，大中城市郊区、东南沿海地区从事畜产养殖的机会成本大大增加，这也导致了其区域结构的变动。

例如，我们以牛奶生产为例，中国奶类生产区域结构的变化如表 2-5。

表 2-5　中国原料奶生产的区域结构变动

单位:%

地区	1985	2009	地区	1985	2009
北　京	5.4 (7)	2.33 (10)	湖　北	1.52 (21)	0.44 (24)
天　津	1.72 (16)	2.30 (11)	湖　南	0.4 (27)	0.25 (28)
河　北	2.92 (13)	12.36 (3)	广　东	1.68 (19)	0.42 (24)
山　西	3.32 (11)	2.59 (9)	广　西	0.24 (28)	0.19 (29)
内蒙古	9.7 (2)	25.10 (1)	海　南		0.00 (31)
辽　宁	3.64 (9)	2.72 (8)	重　庆		0.31 (27)
吉　林	2.44 (14)	1.07 (17)	四　川	8.76 (3)	2.13 (12)
黑龙江	17.2 (1)	15.99 (2)	贵　州	0.24 (29)	0.14 (30)
上　海	5.68 (6)	0.86 (19)	云　南	1.68 (20)	1.12 (16)
江　苏	3 (12)	2.06 (14)	西　藏	3.52 (10)	0.77 (21)
浙　江	4.2 (8)	0.97 (18)	陕　西	2.24 (15)	4.12 (6)
安　徽	0.72 (24)	0.40 (26)	甘　肃	1.72 (17)	1.13 (15)

（续）

地区	1985	2009	地区	1985	2009
福　建	1.68（18）	0.71（22）	青　海	6.2（5）	0.86（20）
江　西	0.72（25）	0.45（23）	宁　夏	0.48（26）	2.10（13）
山　东	1.4（22）	6.79（4）	新　疆	6.56（4）	5.53（5）
河　南	0.92（23）	3.78（7）			

注：括号中数字为其在全国各省区中所处位置。

资料来源：根据《中国统计年鉴》数据整理而得。

2.4　北京畜牧业养殖水平较高

2.4.1　养殖规模

虽然，中国畜牧业养殖规模较小，但与全国相比，北京畜牧业的养殖规模相对较大。

2002 年起，北京市市政府在调整农业结构中，要求农民奶牛养殖从庭院中走出来，引导农民逐步建立奶牛养殖小区，在养殖小区的基础上实现农村奶牛养殖的规模化、规范化，扩大了养殖规模。

表 2-6　北京与全国奶牛饲养规模比较

单位：%

	5～19 头	20～99 头	100～199 头	200～499 头	500～999 头	1 000 头以上
全国	48.99	30.48	5.99	5.79	4.46	4.30
北京	11.27	15.82	12.15	17.48	19.97	23.30

资料来源：《中国奶业年鉴》。

表 2-6 显示了养殖规模在 5 头以上的奶牛饲养情况，就全国情况而言，大部分集中在 5～19 头、20～99 头这两个区

间，占全部养殖总量的近 80％，而北京 100 头以上规模的养殖总量远远高于全国平均水平。

经市畜牧兽医总站的统计，2011 年 8 月，全市标准规模养殖场（小区）1 798 家中有蛋鸡 307 家，肉鸡 291 家，肉鸭110 家，分别占全市标准规模养殖场（小区）的 18％，16％和6％。规模养殖场（小区）蛋鸡存栏 1 228.9 万只，肉鸡存栏1 246.70 万只，肉鸭存栏 785.25 万只，占全市家禽存栏的75％。家禽养殖标准规模化程度提高。

2.4.2 单产水平高

通过对北京奶牛单产与全国水平的比较，我们可以发现，虽然从 1990 年开始北京奶牛单产一直高于全国水平，但其增长速度明显低于全国的增长速度。1990 年到 2005 年全国奶牛单产提高了 1.47 倍，而北京提高了 1.17 倍。因此虽然北京单产水平比全国平均水平高，但其增长动力不足。1990 年以来北京奶牛养殖中国营奶牛场逐步被农户散养所替代。一般而言国营奶牛场规模较大、奶牛品种优良、管理水平较高，而农户个体分散养殖的，其养殖规模小，奶牛品种差，管理水平低，奶牛的平均单产水平低（表 2 - 7）。

表 2 - 7 北京与全国奶牛单产比较

单位：千克

	1990	1995	2000	2001	2002	2003	2004	2005
全国	1 544.78	1 381.59	1 693.06	1 811.20	1 891.17	1 955.11	2 040.25	2 264.12
北京	3 338.46	3 614.04	3 189.47	3 351.56	3 649.01	3 497.24	3 783.78	3 914.63

资料来源：《中国奶业年鉴》。

2.5 北京畜产品消费市场广阔

作为一个拥有 1 755 万常住人口和 760 多万流动人口的特大消费型国际化大都市，北京不仅是各类畜产品的集散、分销中心，而且其市场潜力巨大，一方面，随着人口数量的不断增加，北京市对畜产品的需求量呈上升趋势；另一方面，随着居民可支配收入持续快速上升和恩格尔系数的逐年下降，以及北京居民注重营养、追求健康的高知（即高学历、高收入）消费群体的越来越大，畜产品消费倾向将逐步转向安全化、高端化和个性化，具有消费的引领作用。因此，北京畜产品具有容量大、发展空间和潜力巨大的市场优势。

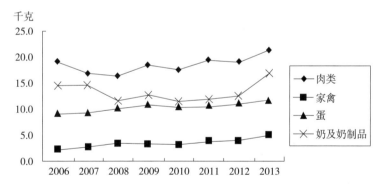

资料来源：《北京市统计年鉴》。

图 2-4　北京市农村居民畜产品人均消费量

从图 2-4 可以看出，2004 年以来北京农村居民的禽蛋消费呈现稳中有升的态势，肉类消费虽然出现了波动，但总体趋势也是增长的。其中只有奶及其奶制品的消费出现了下降的趋势，其中原因需要进一步分析。

　　与农村居民畜产品消费相比，北京城镇居民各种畜产品消费支出，自 1995 年以来就呈现增长的态势（图 2-5）。

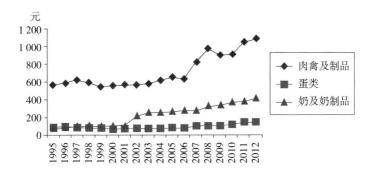

资料来源：《中国统计年鉴》。

图 2-5　北京城镇居民畜产品消费额（按 1995 年可比价格换算）

　　因此，从北京来看，无论城乡，居民畜产品的消费量和消费金额越来越大，市场前景很广阔。

2.6　北京畜产品供求缺口大

　　2010 年北京畜牧业总产值 139.6 亿元，占农林牧渔总产值的 42.6%。其中肉禽出栏 1.18 亿只，禽肉产量 18.6 万吨，自给率 62%；鲜蛋产量 14.7 万吨，自给率 56%；猪肉产量 24.1 万吨，自给率 40%；牛奶产量 64.1 万吨，自给率 45%。

　　结合北京市居民畜产品消费量增长的情况，以及北京市畜产品的自给率，北京市畜产品的需求缺口非常大。

3 北京畜牧业水资源利用情况

3.1 北京畜牧业用水情况

　　畜牧业的快速发展在解决种植业增值、农民增收、畜产品贸易增效、资源整合、产业链延伸、解决就业问题等方面都发挥着无可取代的巨大作用。畜牧生产要满足人口增长的需求，就要不断转化各类自然资源的能量与物质来生产各种畜产品。畜牧业的发展必须有充足水资源作后盾，水资源的状况关系到牲畜的生长和繁殖，关系到草地和饲料的产量与质量；水质的优劣直接关系到养殖业的安全及畜产品品质优劣，关系到食的安全即是人类的安全。规模化生产的冲洗（如冲洗猪舍清粪）和屠宰牲畜都会消耗大量的水。为缓解水资源短缺的严峻形势，新时期国家提出实施最严格的水资源管理制度，其中包括用水的计划管理，对各行业的用水进行定额管理。用水定额是反映区域（城市）用水水平、节水水平的一个衡量尺度，同时也是一种考核指标。

　　所谓用水定额是指在一定时间、一定条件下，按照一定核算单元所规定的用水量限额（数额），这里所说的行业既包括农业（种植业）、林业、畜牧业、渔业、工业、居民生活、公共服务和管理业等大行业，又包括如采掘业、制造业等小行业。用水定额是用水管理的一项重要指标，是衡量各行业用水是否合理的重要标准，是各行业制定生产生活用水计划的重要依据。北京郊区水务事务中心和北京师范大学水科学研究院的学者们利用北京 2001 年颁发的《北京市主要行业用水定额》中畜牧业用水定额值，计算北京 1999—2010 年畜牧业用水情况，计算结果如表 3‑1，可以看出 2006 年以后畜牧业用水总体低于之前年份畜牧业用水总量。

表 3‑1　北京 1999—2010 年畜牧业用水情况

年份	畜牧业用水（亿立方米）	年份	畜牧业用水（亿立方米）
1999	1.51	2005	1.62
2000	1.60	2006	1.07
2001	1.69	2007	1.22
2002	1.78	2008	1.19
2003	1.85	2009	1.24
2004	1.74	2010	1.21

　　畜牧业是农业的重要组成部分，利用表 3‑1 计算结果，进一步对比 1999—2010 年畜牧业用水在农业用水中的比例与畜牧业产值占农业总产值的比例结果如图 3‑1。

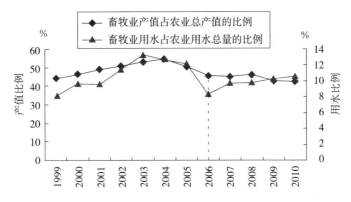

图 3‑1　北京 1999—2000 年畜牧业用水比例与畜牧业产值比例情况

2006 年以后，畜牧业发展方式发生转变。各类牲畜数量都有增加。从图 3-1 中可以看到 2006 年之后畜牧业用水占农业用水的比例也处于增长趋势，相反，2006 年之后北京畜牧业产值占农业产值的比例却呈现下降趋势，畜牧业用水比例增加的同时，却没有得到相应畜牧业产值比例的增加，说明了近些年来在畜牧业用水方面存在着相对用水浪费或效率不高的情况。

3.2 北京畜牧业水资源污染情况

北京迅速发展的经济和相对短缺的水资源条件加剧了经济与生态环境之间的用水竞争。新中国成立以来，首都先后发生过三次大的水危机，分别出现在 20 世纪的 60 年代、70 年代和 80 年代。60 年代中期的城市供水危机是靠开挖京密引水渠，引用密云水库的水解决的；70 年代的是靠超采地下水化解的；80 年代初期是靠中央决策密云水库只保北京供水，不再为天津、河北供水度过的。北京的社会经济在高速发展，但是水资源短缺、严重污染、用水浪费等现象的存在，随时都可能导致新的水危机发生，危机主要表现在水量和水质两个方面。

（1）水量危机

伴随着城市化的发展，北京的水资源供求关系大致经历了四个阶段，即：供大于求、供需基本平衡、供需矛盾及供需矛盾日益尖锐。这种形势主要源于两方面的原因，一是北京本身是一座资源型缺水城市，二是不断膨胀的人口和快速的经济发展。北京的人均水资源量远远低于全国平均水平

2 040立方米/人，是一座特大型的资源型缺水城市，目前只有240立方米/人左右，而且该值呈继续下降的趋势，近年来，已由2002年的325立方米/人降低至2006年的243立方米/人，在世界120多个大城市中位居百位之后，缺水形势相当严峻。另外，近年来北京的地下水超采也非常严重，已经造成了顺义、朝阳、海淀等地区一定程度的地面沉降（图3-2），根据国土资源部公报，截至到2009年底，累计最大沉降量达到1 163毫米，最大年沉降速率达到137.51毫米（杨艳等，2012）。

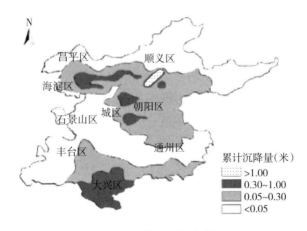

图 3-2　北京地面沉降分区

（2）水质危机

生活和生产废污水的大量排放，使得北京水环境质量急剧下降。北京地表水体的污染形势严峻。20世纪90年代，官厅水库由于污染而使得水质降为劣Ⅴ类，于1997年被迫退出北京饮用水系统。在北京700公顷的湖泊中，有447公顷湖泊的水是Ⅳ类及Ⅳ类以下水质，城区许多被调查的河湖总磷、总氮含量已处于较为严重的富营养化状态；2005 年全市地表水达标河段长度仅占实测河段长度的 45%，劣 V 类水质比例仍然很高，城市中心区河湖富营养化现象普遍，下游河道污染较重。地下水水质状况也不容乐观。除了密云县外，其他地区地下水的水质都有一部分属于Ⅳ、Ⅴ级，这说明在人类活动各种污染物的大量排放下，浅层地下水已经受到了严重的污染。同时就深层地下水的水质检测亦可知，北京的深层地下水也有一部分属于Ⅳ、Ⅴ级水质，由于地下水水质的污染不易治理，这给北京水资源可持续利用的实现增加了难度。

3.3 北京畜牧业水费情况

本部分数据来源于《全国农产品成本收益汇编》中 2004—2013 年的截面数据，以大规模与中规模数据为主要分析数据。下面按照肉鸡、蛋鸡、奶牛、生猪的顺序分别进行分析。

3.3.1 肉鸡养殖水费情况

在全国中规模肉鸡生产水费基本情况表中，从水费的绝对值来看，除了 2004 年水费达到每百只 5.36 元以外，其他年份每百只肉鸡的水费基本呈现出稳定趋势，绝对值的变化范围从 3.32～3.90 元。从水费的相对值来看，除了 2004 年水费占物质费用的比重达到 0.38% 以外，其他年份水费相对值都在 0.3% 甚至 0.2% 以下，水费相对值整体变化呈现出波动趋势，大体呈现出了"大小年"现象，总体看来呈递减趋势（表 3-2）。

表 3-2　全国中规模肉鸡生产水费基本情况

	2004	2005	2006	2007	2008
水费(元/百只)	5.36	3.53	3.90	3.26	3.32
占物质费用的比重(%)	0.384 284 5	0.261 322 752	0.278 005 5	0.194 52	0.181 324 7
	2009	2010	2011	2012	2013
水费(元/百只)	3.24	3.63	3.66	3.46	3.71
占物质费用的比重(%)	0.176 739 2	0.182 602	0.170 207 2	0.150 832 9	0.160 355

　　在北京中规模肉鸡生产水费基本情况表中，从水费的绝对值来看，北京中规模肉鸡生产水费呈现出"大小年"现象，2009 年增加，2010 年减少，2011 年增加，2013 年减少。从水费的相对值来看，基本上也是呈现"大小年"现象，2009 年为 0.2%，2010 年为 0.41%，2011 年为 0.21%，2012 年为 0.23%，2013 年为 0.18%（表 3-3）。

表 3-3　北京中规模肉鸡生产水费基本情况

	2009	2010	2011	2012	2013
水费(元/百只)	5.00	10.00	6.00	6.50	5.00
占物质费用的比重(%)	0.202 066	0.408 751	0.213 319	0.231 43	0.184 646

　　从全国纵向来看，北京中规模肉鸡生产水费从 2009—2013 年的数据来看，每年的水费绝对值都要高于全国，同样，每年水费占物质费用的比重也要高于全国水平。可见，北京中规模肉鸡耗水相对全国来讲是比较多的。

　　在全国大规模肉鸡生产水费基本情况表中，从水费的绝对值来看，每百只水费变动范围是 3.5～6.15 元，整体呈波动趋势。从水费的相对值来看，整体上看呈现出"大小年"现象。全国大规模肉鸡生产水费占物质费用比重远远低于全国中规模肉鸡水费占比（表3-4）。

表3-4 全国大规模肉鸡生产水费基本情况

	2004	2005	2006	2007	2008
水费(元/百只)	4.04	4.13	3.73	3.50	6.15
占物质费用的比重(%)	0.075 499	0.083 774	0.019 823	0.008 088	0.026 136
	2009	2010	2011	2012	2013
水费(元/百只)	5.82	5.17	5.44	4.61	4.20
占物质费用的比重(%)	0.020 155	0.029 606	0.017 44	0.062 918	0.179 619

在北京大规模肉鸡生产水费基本情况表中，从水费的绝对值来看，除了每百只肉鸡所用水费2009年与2010年、2012与2013年相比不变以外，整体呈现递减趋势。从水费的相对值来看，除了2013年水费占物质费用的比重略有升高，整体上看水费占物质费用的比重呈现出逐年递减的趋势（表3-5）。

表3-5 北京大规模肉鸡生产水费基本情况

	2009	2010	2011	2012	2013
水费(元/百只)	10.00	10.00	6.00	5.00	5.00
占物质费用的比重(%)	0.429 817	0.419 032	0.222 478	0.173 497	0.180 024

从全国纵向来看，北京大规模肉鸡生产水费从2009—2013年的数据来看，每年的水费绝对值都要高于全国，同样，每年水费占物质费用的比重也要高于全国水平，而且高出了很多。可见，北京大规模肉鸡耗水相对全国来讲也是比较多的。

3.3.2 蛋鸡养殖水费情况

在全国大规模蛋鸡生产水费基本情况表中，从水费的绝对值来看，整体上每百只肉鸡的水费基本呈现出"大小年"现象，绝对值得变化范围从 19.69～23.85 元。从水费的相对值来看，水费相对值整体变化呈现出波动趋势，大体呈现出了"大小年"现象，总体看来呈递减趋势（表 3-6）。

表 3-6　全国大规模蛋鸡生产水费基本情况

	2004	2005	2006	2007	2008
水费(元/百只)	22.44	19.69	22.21	23.44	20.21
占物质费用的比重(%)	0.256 885	0.237 83	0.256 54	0.231 931	0.182 858
	2009	2010	2011	2012	2013
水费(元/百只)	22.66	23.15	23.85	21.65	23.03
占物质费用的比重(%)	0.191 249	0.181 543	0.172 238	0.147 839	0.152 974

在北京大规模蛋鸡生产水费基本情况表中，从水费的绝对值来看，北京大规模蛋鸡生产水费从 2004—2009 年，呈现出逐年递减的现象，2009—2010 年增加，2011—2013 年又逐年递减。从水费的相对值来看，基本上也是呈现出了这样的规律，从 2004—2009 年，水费占物质费用的比重呈现出逐年递减的现象，2009—2010 年增加，2011—2013 年又逐年递减（表 3-7）。

表 3-7　北京大规模蛋鸡生产水费基本情况

	2004	2005	2006	2007	2008
水费(元/百只)	36.51	18.99	13.62	12.30	12.00
占物质费用的比重(%)	0.420 462	0.220 11	0.153 147	0.122 551	0.117 295
	2009	2010	2011	2012	2013
水费(元/百只)	9.04	13.40	12.25	11.57	8.32
占物质费用的比重(%)	0.072 516	0.108 127	0.105 811	0.086 237	0.057 244

从全国纵向来看，北京大规模蛋鸡生产水费除了 2004 年高于全国水平外，从 2005—2013 年的数据来看，每年的水费绝对值都要低于全国。同样，每年水费占物质费用的比重也是 2004 年高于全国水平，从 2005—2013 年却低于全国水平。可见，北京大规模蛋鸡耗水相对全国来讲是比较少的。

3.3.3 奶牛养殖水费情况

在全国中规模奶牛生产水费基本情况表中，从水费的绝对值来看，整体上每头奶牛的水费基本呈现增加趋势，绝对值的变化范围从 34.68～65.57 元。从水费的相对值来看，水费相对值整体变化呈现出波动趋势，从 2004—2005 年增加，从 2005—2008 年呈现出逐年下降的趋势，2008—2009 年上升，2009—2013 年逐年下降（表 3-8）。

表 3-8　全国中规模奶牛生产水费基本情况

	2004	2005	2006	2007	2008
水费(元/头)	34.68	54.75	54.64	55.91	51.51
占物质费用的比重(%)	0.407 548	0.612 478	0.592 135	0.536 755	0.475 951

	2009	2010	2011	2012	2013
水费(元/头)	65.57	56.08	55.17	57.75	59.57
占物质费用的比重(%)	0.573 985	0.44 077	0.402 405	0.371 717	0.366 735

在北京中规模奶牛生产水费基本情况表中，从水费的绝对值来看，北京中规模奶牛生产水费，从 2004—2011 年，整体呈现出"大小年"的现象，每头水费变化范围从 8.33～33.4 元。从水费的相对值来看，基本上也呈现出了"大小年"的波动趋势（表 3-9）。

表 3 - 9　北京中规模奶牛生产水费基本情况

	2004	2005	2006	2007
水费（元/头）	33.40	27.18	28.25	21.32
占物质费用的比重（%）	0.325 931	0.494 234	0.383 351	0.139 404
	2008	2009	2010	2011
水费（元/头）	30.01	11.10	8.33	10.00
占物质费用的比重（%）	0.227 256	0.074 579	0.055 419	0.062 431

从全国纵向来看，北京中规模奶牛生产水费，从 2004—2011 年的数据来看，每年的水费绝对值都要低于全国，并且差距比较大。每年水费占物质费用的比重均低于全国水平。可见，北京中规模奶牛耗水相对全国来讲是比较少的。

在全国大规模奶牛生产水费基本情况表中，从水费的绝对值来看，整体上每头奶牛的水费基本呈现出"大小年"现象，绝对值的变化范围从 61.94～77.52 元。从水费的相对值来看，水费相对值整体变化呈现出波动趋势，从 2004—2010 年呈现出逐年下降的趋势，2010—2011 年上升，2011—2013 年逐年下降。总体看来呈递减趋势（表 3 - 10）。

表 3 - 10　全国大规模奶牛生产水费基本情况

	2004	2007	2008	2009
水费（元/头）	66.41	63.33	68.52	61.94
占物质费用的比重（%）	0.612 249	0.525 864	0.488 86	0.427 986
	2010	2011	2012	2013
水费（元/头）	63.35	77.52	72.41	71.67
占物质费用的比重（%）	0.406 372	0.448 154	0.374 308	0.344 659

在北京大规模奶牛生产水费基本情况表中，从水费的绝对

值来看，北京大规模奶牛生产水费，从 2007—2011 年，呈现出"大小年"的现象，2011—2013 年逐年增加，北京大规模奶牛生产水费绝对值变动剧烈，每头水费变化范围从 0.25～122 元。从水费的相对值来看，基本上呈现出了"大小年"的波动趋势，从 2007—2008 年，水费占物质费用的比重增加，从 2008—2011 年，呈现出逐年递减的现象，2011—2012 年增加，2012—2013 年减少（表 3-11）。

表 3-11　北京大规模奶牛生产水费基本情况

	2004	2007	2008	2009
水费（元/头）	27.45	87.46	122.00	9.05
占物质费用的比重（%）	0.193 339	0.448 915	0.554 408	0.050 038
	2010	2011	2012	2013
水费（元/头）	9.98	0.25	6.13	6.18
占物质费用的比重（%）	0.047 87	0.001 655	0.027 531	0.026 446

从全国纵向来看，北京大规模奶牛生产水费除了 2007 年、2008 年高于全国水平外，从 2004 年、2009—2013 年的数据来看，每年的水费绝对值都要低于全国，并且差距非常大。每年水费占物质费用的比重除了 2008 年高于全国水平外，其余年份均远远低于全国水平。可见，北京大规模奶牛耗水相对全国来讲是比较少的。

3.3.4　生猪养殖水费情况

在全国中规模生猪生产水费基本情况表中，从水费的绝对值来看，北京市中规模生猪生产水费，从 2004—2011 年，整体呈现出"大小年"的现象，每头水费变化范围从 1.53～

2.57元。从水费的相对值来看，基本上也呈现出了"大小年"的波动趋势（表3-12）。

表3-12　全国中规模生猪生产水费基本情况

	2004	2005	2006	2007	2008
水费(元/头)	2.39	1.53	1.74	2.11	2.06
占物质费用的比重(%)	0.338 302	0.220 42	0.261 595	0.223 699	0.171 276

	2009	2010	2011	2012	2013
水费(元/头)	2.03	2.13	2.34	2.57	2.54
占物质费用的比重(%)	0.192 055	0.195 039	0.172 494	0.176 941	0.173 631

在北京中规模生猪生产水费基本情况表中，从水费的绝对值来看，绝对值的变化范围从0.10~3.22元，每头生猪的水费从2004—2006年逐年减少，2006—2010年基本呈现出"大小年"现象，2010—2012年逐渐减少，2012—2013年增加。从水费的相对值来看，水费相对值整体变化呈现出波动趋势，从2004—2005年增加，从2005—2008年呈现出"大小年"现象，2008—2009年上升，2009—2012年逐年下降，2012—2013年增加（表3-13）。

表3-13　北京中规模生猪生产水费基本情况

	2004	2005	2006	2007	2008
水费(元/头)	0.84	0.66	1.03	3.22	1.28
占物质费用的比重(%)	0.105 911	0.092 17	0.143 052	0.327 502	0.109 417

	2009	2010	2011	2012	2013
水费（元/头）	2.39	1.05	0.28	0.10	0.13
占物质费用的比重（%）	0.202 79	0.089 687	0.018 776	0.006 837	0.008 122

从全国纵向来看，北京中规模生猪生产水费，除了 2007 年、2009 年生猪水费高于全国水平外，其余年份每年的水费绝对值都要低于全国。每年水费占物质费用的比重除了 2007 年，其余年份均低于全国水平。可见，北京中规模生猪耗水相对全国来讲是比较少的。

在全国大规模生猪生产水费基本情况表中，从水费的绝对值来看，整体上呈现出增加的趋势，变化范围从 1.73～2.48 元，从 2004—2008 年，呈现出逐年递增趋势，2009—2013 年逐年增加。从水费的相对值来看，整体上呈现出递减的趋势（表 3-14）。

表 3-14   全国大规模生猪生产水费基本情况

	2004	2005	2006	2007	2008
水费(元/头)	1.73	1.79	1.86	2.30	2.46
占物质费用的比重(%)	0.234 018	0.253 268	0.265 331	0.242 498	0.208 236

	2009	2010	2011	2012	2013
水费（元/头）	2.29	2.40	2.45	2.46	2.48
占物质费用的比重(%)	0.217 765	0.218 741	0.179 071	0.168 081	0.168 786

在北京大规模生猪生产水费基本情况表中，从水费的绝对值来看，绝对值的变化范围从 0.15～2.84 元，从 2004—2005 年增加，2005—2010 年呈现出逐年下降的趋势，2010—2012 年呈现出逐年上升的趋势，2012—2013 年减少。从水费的相对值来看，水费相对值整体变化呈现出波动趋势，从 2004—2005 年增加，2005—2010 年呈现出逐年下降的趋势，2010—2012 年逐年上升，2012—2013 年下降（表 3-15）。

表 3 - 15　北京大规模生猪生产水费基本情况

	2004	2005	2006	2007	2008
水费(元/头)	1.84	2.84	1.20	0.65	0.61
占物质费用的比重(%)	0.249 607	0.366 168	0.172 387	0.068 319	0.055 836

	2009	2010	2011	2012	2013
水费（元/头）	0.25	0.15	0.69	0.77	0.56
占物质费用的比重（%）	0.020 96	0.012 272	0.046 876	0.050 397	0.035 704

　　从全国纵向来看，北京大规模生猪生产水费除了 2004 年、2005 年高于全国水平外，从 2006—2013 年的数据来看，每年的水费绝对值都要低于全国，并且差距非常大。同样，每年水费占物质费用的比重除了 2004 年、2005 年高于全国水平外，其余年份均低于全国水平。可见，北京大规模生猪耗水相对全国来讲是比较少的。

4 北京畜牧业用水情况调研分析

本章分别对北京市肉鸡生产和奶牛生产的用水情况进行了实地调研，在畜牧业中选择这两个品种主要是基于以下原因：首先，从前面的分析中发现肉鸡的用水费用在总费用中高于全国平均水平，要进一步探讨一下原因；同时肉鸡作为节粮型畜牧品种，是北京大力发展的，对其用水情况应该进一步进行分析。第二，奶牛生产在北京畜牧业生产中占有重要位置，生鲜牛奶受运输半径的影响，北京在发展过程中有一定的优势，也是未来发展的重点之一。

4.1 北京肉鸡生产用水情况调研

北京家禽养殖在空间的分布上逐渐合理化，按照北京畜牧规划的三区四带五网络的区域布局发展。北京在其《北京市畜牧业发展规划 2010—2015》中提到"建设房山、延庆、怀柔、密云的京北蛋禽产业带，大兴、平谷、通州的京南产业带"，以及"建设以生态涵养保护区为重点，从房山、门头沟、延庆、怀柔、密云到平谷环京西北肉禽产业带"。

4.1.1 数据来源与样本总体特征

本书所用数据由北京农学院 10 名研究生和本科生于 2013

年、2014 年 7—8 月份（暑假期间）对北京市昌平区、密云县、怀柔区、延庆县和平谷区的肉鸡养殖户调研得出，调查共发放问卷 600 份，收回有效问卷 475 份，有效问卷回收率 79.1%。问卷的主要内容：第一部分为背景题，包括养殖户的年龄、性别、受教育程度、家庭人口数、养殖年限、参与养鸡人员基本情况等；第二部分为养殖户 2013 年肉鸡出栏情况，包括出栏时间、出栏批次、出栏只数等；第三部分为肉鸡饲养管理，包括鸡苗品种、用过药物、休药期、防疫内容、参加产业化组织、接受培训等；第四部分为农户对质量安全的认知，包括肉鸡安全相关政策法规关注度、安全畜产品生产技术与规程认知、对自己养殖肉鸡的信心、药残对身体健康的影响等；第五部分为对水资源以及水污染的认知。

在统计样本中，肉鸡养殖户参与养鸡人员中，性别情况分析：男性占 59%，女性占 41%。在年龄分布上，年龄在 20～40 岁，占比 22%；41～60 岁，占比 74%；61 岁以上占比 3%。在养殖户学历层次上，没上学占 5.9%；小学学历占 20.5%，初中学历占 55.8%，高中学历占 13.6%，中专学历占 2.1%，大专学历占 1.2%，本科学历占 0.3%，技校占 0.6%。由此可见，受访者中男性居多，年龄在 40～60 岁的受访者占主导地位，占 74%。在文化程度上，受访者都接受过不同程度的教育，能够理解调查问卷所涉及的问题。并且，受访者中从事肉鸡养殖业三年及其以上的占 93%，从事肉鸡养殖年限长，和公司合作时间长，具有一定的经验。因此，调查问卷有较高的代表性。

4.1.1.1 样本基本特征

（1）年龄结构

在被调查的 475 户，30 岁以下的决策者有 17 人，占总数的 3.5%；30～40 岁的有 79 人，占总数旳 16.7%；40～50 岁的有 197 人，占总数的 41.4%；50 岁以上的有 182 人，占总数的 38.4%。从数据中可以看出，从事肉鸡养殖的农户年龄偏大，集中在 40～50 岁这一年龄段，还有相当部分的劳动力在 50 岁以上（表 4-1）。

表 4-1 决策者的年龄结构

统计指标	分类指标	频率	百分比
	30 岁以下	17	3.5
年龄结构	30～40 岁	79	16.7
	40～50 岁	197	41.4
	50 岁以上	182	38.4

（2）受教育程度

在被调查的 475 户中，其中文盲有 14 人，占总人数的 3%；小学文化程度的有 91 人，占总人数的 19.2%，初中文化程度的有 274 人，占总人数的 57.6%，高中及以上文化程度的有 96 人，占总人数的 20.2%。从分布表（表 4-2）可见，农户的文化程度还普遍不高，虽然文盲率很低，但是农户的文化水平处于较低的阶段，以初中程度最多，小学和高中以上数量相当。

表 4-2 决策者的受教育程度

统计指标	分类指标	频率	百分比
	文盲	14	3
受教育程度	小学	91	19.2
	初中	274	57.6
	高中及以上	96	20.2

（3）家庭人口数

在被调查的 475 户中，家庭成员为 2 人的有 94 户，占总体样本的 19.7%；家庭成员为 3 人的有 110 户，占总体样本的 23.2%；家庭成员为 4 人的有 158 户，占总体样本的 33.3%；家庭成员为 5 人的有 69 户，占总体样本的 14.6%；家庭成员为 6 人及以上的有 43 户，占总体样本的 9.1%（表 4-3）。平均每户 4 人，这样的家庭人口结构在中国广大的农村地区是十分普遍的。

表 4-3 家庭结构

统计指标	分类指标	频率	百分比
	2 人	94	19.7
	3 人	110	23.2
家庭人口数	4 人	158	33.3
	5 人	69	14.6
	6 人及以上	43	9.1

（4）养殖年限

在被调查的 475 户中，养殖年限在 6 年以下的有 132 户，占总体样本的 27.8%；养殖年限在 7~10 年的有 274 户，占总体样本的 57.6%；养殖年限在 11 年以上的有 69 户，占总体样本的 14.6%。可见，北京市商品肉鸡养殖户的养殖年限普遍较高，养殖年限在 7 年以上的占到了 72.2%，说明北京市肉鸡养殖户的养殖经验普遍比较丰富（表 4-4）。

表 4-4 养殖年限

统计指标	分类指标	频率	百分比
	6 年以下	132	27.8
养殖年限	7~10 年	274	57.6
	11 年及以上	69	14.6

4.1.1.2 北京肉鸡养殖户养殖情况分析

（1）饲养品种

中国的肉鸡养殖现状是北方以养殖白羽肉鸡（如 AA＋、艾维茵、科宝 500、罗斯 308）为主，南方以养殖黄羽肉鸡（如广州的"882"、"江村黄"，深圳的"康达尔黄"，粤西的"新兴黄"、"凤都黄"）为主。北京地处北方，其绝大多数肉鸡养殖户殖养白羽肉鸡。调研中发现，有极少数的养殖户会养殖非白羽肉鸡，如昌平有一养殖场养殖江村黄鸡，特供星级酒店等。还有养殖北京油鸡、三黄鸡、童子鸡等肉杂鸡。所以，本书的调研对象是白羽肉鸡。如表 4-5 所示，AA＋品种占据了60.1％，主要来源于华都肉鸡公司和大发肉鸡公司，科宝 500占据了 10.1％，主要来源于大发肉鸡公司，罗斯 308 占据了29.8％，主要来是市场鸡引进的品种。

表 4-5　肉鸡品种

		频率	百分比	有效百分比	累积百分比
有效	AA＋	285	60.1	60.1	60.1
	科宝 500	48	10.1	10.1	70.2
	罗斯 308	142	29.8	29.8	100.0
	合计	475	100.0	100.0	

（2）2013 年饲养周期

因为一栋鸡舍一年最多可以出栏 6 批肉鸡，每批肉鸡养殖情况可能会有差异，所以导致出栏周期不会批批相同。故以最短出栏周期和最长出栏周期来统计出栏情况。北京某肉鸡龙头企业合同中规定，农户自收到雏鸡之日计算，肉鸡饲养 41～43 天时，应该向公司交付饲养的毛鸡。时间短的可能因为肉鸡生病，不得不提前淘汰；时间长的多发生在市场鸡，农户何时出栏，由市场价格决定（表4-6）。

表4-6 饲养天数

	N	极小值	极大值	均值	标准差
最短饲养天数	475	34	50	42.55	3.784
最长饲养天数	475	40	60	45.83	4.288
有效的N（列表状态）	475				

（3）饲养批次

从表4-7可以看出，北京肉鸡养殖户年养殖肉鸡批次少则1批，多则6批，平均饲养约5批鸡。北京某肉鸡龙头企业合同中规定，农户在合同年度内必须饲养至少5批鸡。因为市场鸡没有合同约束，其养殖决策受市场影响最大，尤其是市场价格。市场鸡养殖户会根据市场行情选择是否进鸡苗，往往看准市场行情了，养一批鸡可以赚合同鸡养殖户养殖一年肉鸡的利润。

表4-7 年饲养批次

	N	极小值	极大值	均值	标准差
总批次	475	1	6	4.79	1.111
有效的N（列表状态）	475				

（4）规模选择

根据《中国畜牧业年鉴》中的定义，年出栏肉鸡2 000～9 999只的肉鸡场属于小型肉鸡场，1万～5万只的肉鸡场属于中小型，年出栏肉鸡5万只以上的肉鸡场属于大中型肉鸡场。可以得出，年出栏肉鸡1～1 999只属于散户养殖，年出栏肉鸡2 000～9 999只属于小规模养殖，年出栏肉鸡1万～5万只的属于中规模养殖，年出栏肉鸡 5 万只以上属于大规模养殖。调研结果显示出，北京以大中型肉鸡养殖为主，占到了总调研样本的 93.4%（表 4-8）。这与实际情况完全相符，说明了调研数据的可靠性与真实性。

表 4-8　养殖规模

统计指标	分类指标	频率	百分比
	2 000~9 999	31	6.6
养殖规模	10 000~4 9999	379	79.8
	50 000 及以上	65	13.6

（5）接受培训情况

在被调查的 475 人中，有 31 人没有接受过培训，占比 6.6%。这部分人可能是因为家中育雏而没有参加，也可能是因为基层管理者没有通知到位造成的。有 444 人接受了培训，占比 93.4%（表 4-9）。说明在实际管理过程中，政府和合作企业都尽到了应尽的责任。保证了大部分人都能一年至少参加一次培训。当然，对那些没有参加培训的，要做到心中有数，查找原因，对症下药。

表 4-9　参加培训

		频率	百分比	有效百分比	累积百分比
	没有接受培训	31	6.6	6.6	6.6
有效	接受培训	444	93.4	93.4	100.0
	合计	475	100.0	100.0	

（6）参与产业化组织

如表 4-10 所示，不参与产业化组织的有 84 人，占比

17.7%；参加产业化组织的有 391 人，占比 82.3%。通过这组数据可以得出，超过 8 成的肉鸡养殖户都参加了产业化组织，不足 2 成的没有参加产业化组织，肉鸡养殖业的产业化程度相当高。

表 4 - 10　参加产业化组织

		频率	百分比	有效百分比	累积百分比
	不参加产业化组织	84	17.7	17.7	17.7
有效	参加产业化组织	391	82.3	82.3	100.0
	合计	475	100.0	100.0	

（7）养鸡技术获取渠道

北京肉鸡养殖户优质、安全、无公害的肉鸡生产技术主要来源于以下三个：主要来源于"政府的农业技术推广部门"的有 130 人，占比 27.3%；选择"龙头企业和合作经济组织技术人员"的有 297 人，占比 62.6%；选择"书本、电视、广播、因特网等传播媒体"的有 48 人，占比 10.1%。可见，主要技术来源最多的是合作企业，其次是政府农业推广部门，再次是农户通过自主学习获得（表 4 - 11）。

表 4 - 11　肉鸡安全生产技术主要获取渠道

		频率	百分比	有效百分比	累积百分比
	政府的农业技术推广部门	130	27.3	27.3	27.3
有	龙头企业和合作经济组织技术人员	297	62.6	62.6	89.9
效	书本、电视、广播、因特网等传播媒体	48	10.1	10.1	100.0
	合计	475	100.0	100.0	

4.1.2 肉鸡养殖户用水情况

4.1.2.1 肉鸡饲养用水来源

当问及肉鸡饲养过程中用水来源问题时，选择自来水的有 60 人，占比 12.6%；选择井水的有 413 人，占比 86.9%；选择河道沟渠水的有 2 人，占比 0.5%（表 4-12）。从数据可以得知，绝大部分肉鸡养殖户饲养肉鸡用水来源于井水，其次来源于自来水，只有 1 人来源于河道沟渠水。在调研中发现，选择井水的人中，有少部分井水是通过人工运输的方式，从村中农户家里拉水，送到鸡舍。如延庆千家店某地区就是这种情况。原因在于 2014 年比较干旱，鸡舍处的井已经干涸。这种用水输水方式，给农户养殖肉鸡带来了很大的不便，并且增加了养殖成本。

表 4-12 肉鸡饲养用水来源

	频率	百分比
自来水	60	12.6
井水	413	86.9
河道沟渠水	2	0.5
合计	198	100.0

4.1.2.2 饮水前是否消毒

关于肉鸡用水前，是否对水进行消毒的问题，有 360 人选择对肉鸡用水前，不进行消毒，占比 75.8%；有 115 人选择饮水前消毒，占比 24.2%（表 4-13）。从这个调查结果来看，大部分肉鸡养殖户不重视肉鸡用水消毒问题，他们觉得水质没问题，没必要检测更没必要消毒。而选择对肉鸡饮水消毒的肉鸡养殖户中，有部分是因为检测过水质有问题，如大肠杆菌超标等，所以要进行饮水前消毒。

表 4-13　饮水前是否消毒

	频率	百分比
饮水前不消毒	360	75.8
饮水前消毒	115	24.2
合计	475	100.0

4.1.2.3　是否因为水质问题引起鸡群生病

在被调研的 475 个肉鸡养殖户中，没有因为水质问题而引起鸡群生病的养殖户有 446 户，占比 93.9%；因为水质问题而引起鸡群生病的养殖户有 29 户，占比 6.1%（表 4-14）。从这个结果可以看出，虽然大部分肉鸡养殖户没有因为水质问题而引起鸡群生病，但是也不得不看到还有 6.1% 的肉鸡养殖户水质出过问题，由此导致了鸡群生病，养殖效益受损。

表 4-14　是否因为水质问题引起鸡群生病

	频率	百分比
没有因为水质问题而引起鸡群生病	446	93.9
有因为水质问题而引起鸡群生病	29	6.1
合计	475	100.0

4.1.2.4　肉鸡饮用水对提高肉鸡抗病力和质量的影响

当被问及"在肉鸡的饲养过程中，肉鸡饮用水对提高肉鸡抗病力和质量的影响"时，有 201 人选择"没有影响"，占比 42.4%；有 223 人选择"有一定影响"，占比 47%；有 50 人选择有决定性影响，占比 10.6%（表 4-15）。在选择没有影响的肉鸡养殖户中，大部分是因为水质好，确实没有因为水质问题引起鸡群生病；也有部分肉鸡养殖户对肉鸡饮用水的关注较少、认知较浅，认知不到肉鸡饮用水对提高肉鸡抗病力和质量的重要性。

表 4-15　肉鸡饮用水对提高肉鸡抗病力和质量的影响

	频率	百分比
没有影响	201	42.4
有一定影响	223	47.0
有决定性影响	50	10.6
合计	475	100.0

4.1.2.5　肉鸡场污水处理方式

在肉鸡场的污水，尤其是冲洗圈舍的污水处理方式的选择中，有 216 人选择不处理，占比 45.5%；有 233 人选择物理处理，占比 49%，这部分肉鸡养殖户有污水处理池；有 7 人选择化学处理，占比 1.5%；有 19 人选择生物处理，占比 4%（表 4-16）。可见，大部分肉鸡养殖户对污水不处理或者流进污水池进行物理处理。

表 4-16　肉鸡场污水处理方式

	频率	百分比
不处理	216	45.5
物理处理	233	49.0
化学处理	7	1.5
生物处理	19	4.0
合计	475	100.0

4.1.2.6 污水处理系统

当被问及是否有专业的污水处理系统时，有370个肉鸡养殖户选择没有，占比77.8%；有105人选择有专业的污水处理系统，占比22.2%（表4-17）。可见，绝大部分肉鸡养殖户都没有专业的污水处理系统，对污水的处理缺乏相应的硬件支撑。

表4-17 污水处理系统

	频率	百分比
没有	370	77.8
有	105	22.2
合计	475	100.0

4.1.2.7 肉鸡养殖户用水情况

标准的用料用水情况是，一只肉鸡从育雏到出栏，大概用料5千克，用水10千克。关于肉鸡饲养过程中的用水问题，实际的475户调研中发现，有190个肉鸡养殖户根本就不知道一批肉鸡能喝多少水，占比40%。这部分人主要是因为用的是井水，水不花钱，只花电费，所以就不会在意也不会去算到底养一批鸡能用多少水了。在知道自己家养殖一批肉鸡能用多少水的285户中，其用水量是有差异的。在这285户中，有41户平均一只肉鸡用水10千克，占比14.3%；有10户平均一只肉鸡用水10.5千克，占比3.4%；有62户平均一只肉鸡用水11千克，占比21.8%；有19户平均一只肉鸡用水11.5千克，占比6.7%；有82户平均一只肉鸡用水12千克，占比28.6%；有65户平均一只肉鸡用水12.5千克，占比22.7%；有2户平均一只肉鸡用水13千克，占比0.8%；有5户平均一只肉鸡用水 15 千克，占比 1.7％（表 4 - 18）。

表 4 - 18 肉鸡养殖户用水情况

	频率	百分比
一只肉鸡用水 10 千克	41	14.3
一只肉鸡用水 10.5 千克	10	3.4
一只肉鸡用水 11 千克	62	21.8
一只肉鸡用水 11.5 千克	19	6.7
一只肉鸡用水 12 千克	82	28.6
一只肉鸡用水 12.5 千克	65	22.7
一只肉鸡用水 13 千克	2	0.8
一只肉鸡用水 15 千克	5	1.7
合计	285	100.0

4.1.3 北京商品肉鸡养殖户污水处理的影响因素分析

本部分是关于北京市商品肉鸡养殖户的用水的影响因素研究，主要从商品养殖户污水是否处理、是否有污水处理系统这两个维度进行研究。研究北京市商品肉鸡养殖户污水处理的影响因素选取个人特征、家庭特征、农户用水认知、养殖环境特征中的典型行为表现作为自变量，对此，构建二元 logit 模型，对北京商品肉鸡养殖户污水处理行为进行深入研究。同样的方法思路，对北京商品肉鸡养殖户是否具有污水处理系统进行分析。下面先分析北京商品肉鸡养殖户污水处理的影响因素。

4.1.3.1 研究思路

关于污水处理的影响因素的研究，从北京商品肉鸡养殖户出发，选取北京商品肉鸡养殖户个人特征变量、家庭特征变量、农户用水认知变量、养殖环境特征变量，这四个特征变量中的典型变量来对北京商品肉鸡养殖户用水的影响因素进行分析。

个人特征变量包括北京商品肉鸡养殖户的年龄、受教育程度，家庭特征变量包括北京肉鸡养殖户的养殖年限、养殖规模，农户用水认知变量包括北京商品肉鸡养殖户的鸡的饮用水对提高肉鸡抗病力和质量的影响的认知和是否饮水前消毒两个变量，养殖环境特征变量包括北京商品肉鸡养殖户是否参加产业化组织、是否参加培训两个变量。

关于北京市商品肉鸡养殖户是否具有污水处理系统的研究，也选择以上八个自变量，因变量为是否有污水处理系统。下面先分析污水处理系统的影响因素。

4.1.3.2 研究假说

假设一：商品肉鸡养殖户年龄越大，越缺乏与时俱进的能力，学习新知识能力都会比较弱，越看不到污水处理的严峻性，这样的话，其污水越趋向不处理；反之，其污水越趋向处理。文化水平越高，商品肉鸡养殖户获取知识的能力就越强，了解信息的渠道就越广，商品肉鸡养殖户的觉悟越高，选择就越规范，即商品肉鸡养殖户的污水趋向处理；反之，其污水越趋向不处理。

假设二：商品肉鸡养殖户养殖肉鸡年限越短，其越容易虚心学习各种最新的国家政策法规，在管理方面更加谨慎，也具有更少的思维定势，越有可能采取处理污水的行为；反之，其污水趋向不处理。商品肉鸡养殖户养殖肉鸡规模越大，越会更加注重质量，从而使自己养殖的商品肉鸡有一个良好的口碑和品牌，生产行为也会更加标准化和规范化，其污水越趋向处理；反之，其污水越趋向不处理。

假设三：商品肉鸡养殖户的鸡的饮用水对商品肉鸡提高抗病力和质量的影响的认知度越高，越能够意识到鸡的饮用水的重要性，越能够对污水进行处理；反之，则污水趋向不处理；商品肉鸡养殖户饮水前消毒，意味着商品肉鸡养殖户能够按照管理规范进行操作，也能够认识到鸡的饮用水可能有大肠杆菌超标等问题，为避免鸡的饮用水被二次污染，其污水处理意识也会更高，越倾向于处理污水；反之，倾向于不处理污水。

假设四：商品肉鸡养殖户参加产业化组织，能够获得产业化组织的指导和帮助，按照产业化组织的要求进行生产，生产行为受产业化组织的约束和管理，其污水趋向处理；反之，越倾向不处理污水。商品肉鸡养殖户越是虚心接受培训、认真学习并将新知识应用到实践领域，越趋向处理污水；反之，越趋向不处理污水。

4.1.3.3 变量选择说明

（1）因变量说明

把北京商品肉鸡养殖户污水是否处理作为因变量，变量代码为 deal（1＝污水处理；0＝污水不处理）。

（2）自变量说明

本部分自变量分为四大类来研究：个人特征自变量、家庭特征自变量、农户用水认知自变量、养殖环境特征自变量。个人特征变量包括北京商品肉鸡养殖户的年龄、受教育程度，家庭特征变量包括北京肉鸡养殖户的养殖年限、养殖规模，农户用水认知变量包括北京商品肉鸡养殖户的鸡的饮用水对提高肉鸡抗病力和质量的影响的认知和是否饮水前消毒，养殖环境特征变量包括北京商品肉鸡养殖户是否参加产业化组织、是否参加培训。

表 4 - 19 列出了模型选择的因变量和自变量的量化说明情况。

表 4 - 19 肉鸡养殖户安全生产行为影响因素分析模型与变量说明

变量类别	变量代码	变量含义	变量说明	预期方向
因变量	deal	商品肉鸡养殖户污水是否处理	1＝污水处理；0＝污水不处理	
个人特征变量	age	年龄	实际调研数值（岁）	－
	edu	受教育程度	实际调研数值（年）	＋
家庭特征变量	year	养殖年限	实际调研数值（年）	－
	size	养殖规模	1＝小规模；2＝中规模；3＝大规模	＋
农户用水认知变量	imp	水对提高肉鸡抗病力和质量的影响	1＝没有影响；2＝有一定影响；3＝有决定性影响	＋
	dis	饮水前是否消毒	1＝饮水前消毒；0＝饮水前不消毒	＋
养殖环境特征变量	ind	参加产业化组织	1＝参加；0＝未参加	＋
	tra	参加培训	1＝参加；0＝未参加	＋

	极小值	极大值	均值	标准差
年龄	26	71	47.65	8.333
受教育程度	0	16	8.36	2.748
养殖年限	1	30	8.40	4.344
养殖规模	1	3	2.06	0.435
肉鸡饮用水对提高抗病力和质量的影响	1	3	1.63	0.653
有效的 N（列表状态）				

4.1.3.4 模型构建

二元 logistic 回归是指因变量为二分类变量的回归分析。

由于是否采取安全生产行为是一个二分类变量，自变量既有连续型变量，又有离散型变量，所以适合采用二元 logistic 计量分析模型。所谓 logit 变换，就是比数的对数。人们常常把出现某种结果的概率与不出现的概率之比称为比数（odds，国内也翻译为优势、比较），即 $odds = \dfrac{P}{1-P}$，取其对数 $\ln(odds) = \ln\dfrac{P}{1-P}$。这就是 logit 变换。由于因变量取值区间的变化，概率是以 0.5 为对称点，分布在 $0\sim1$ 范围内的，而相应的 logit（P）的大小为：

$$P=0 \qquad \text{logit}(P) = \ln\frac{0}{1} = -\infty$$

$$P=0.5 \qquad \text{logit}(P) = \ln\frac{0.5}{0.5} = 0$$

$$P=1 \qquad \text{logit}(P) = \ln\frac{1}{0} = +\infty$$

显然，通过变换，logit（P）的取值范围就被拓展为以 0 为对称点的整个实数区间内，使得在任何自变量的取值下，对 P 值的预测均有实际意义；其次，大量实践证明，logit（P）往往和自变量呈线性关系。所以，把 logit（P）作为因变量，建立模型如下：

4.1.3.5　模型运算结果

表 4 - 20　肉鸡养殖户污水处理的影响因素

	B	S. E.	Wals	Sig.
age	−0.022	0.021	1.116	0.291
edu	0.169***	0.064	7.009	0.008
year	−0.043	0.039	1.175	0.278

（续）

	B	S. E.	Wals	Sig.
size	−0.691	0.405	2.908	0.088
imp	0.679＊＊＊	0.264	6.613	0.010
dis	1.123	0.510	4.846	0.028
ind	−0.272	0.771	0.124	0.725
tra	1.280	0.696	3.383	0.066
常量	−1.053	1.382	0.580	0.446

注：＊＊＊代表在1%水平上显著。

4.1.3.6 结果分析

从模型运算结果中可以看出，北京商品肉鸡养殖户污水处理行为的显著性影响因素有两个，分别是商品肉鸡养殖户的受教育程度、商品肉鸡养殖户的鸡的饮用水对提高商品肉鸡抗病力和质量的影响的认知。没有显著性影响的因素有：养殖户个人特征中的年龄，家庭特征中的养殖年限、养殖规模，肉鸡养殖户用水认知中的饮水前消毒的认知，养殖环境特征变量中的参加产业化组织和参加培训。

（1）商品肉鸡养殖户决策者个人特征

通过模型运算结果可以看出，年龄解释变量对商品肉鸡养殖户污水处理行为没有显著性影响。究其原因，可能是北京商品肉鸡养殖户本身老龄化严重，从事商品肉鸡养殖的农户年龄偏大，集中在40～50岁这一年龄段，还有相当部分的劳动力在50岁以上。北京目前的现状是，年轻人大多出去打工或者上学，剩下家中比较年长的人参与商品肉鸡养殖。

受教育程度对北京市商品肉鸡养殖户的污水处理行为有显著性影响，并且与肉鸡养殖户的污水处理行为有正相关关系，表明肉鸡养殖户的受教育程度越高，越能够看到污水处理的重要性与必要性，越能够拥有污水处理的责任感和使命感；反之，则没有污水处理的意识和行动。

（2）商品肉鸡养殖户家庭特征

家庭特征变量中的养殖年限和养殖规模对肉鸡污水处理行为均没有显著性影响。

商品肉鸡养殖户养殖年限对肉鸡养殖户的污水处理行为没有显著性影响，可能因为肉鸡养殖户污水处理的意识与习惯更多的影响其是否处理污水，而与其养殖商品肉鸡年限长短关系不是很大。

养殖规模对北京商品肉鸡养殖户污水处理行为没有显著性影响。可能是因为现阶段肉鸡数据统计口径的不完善，加之有些商品肉鸡养殖户并没有充分利用鸡舍，如一年养五批鸡，由此导致在统计肉鸡养殖规模的时候，会面临着如下问题：规模以年出栏量作为衡量标准，1～1 999 只为散户，2 000～9 999 只为小规模，10 000～49 999 只为中规模，50 000 只及以上为大规模。现实统计中会面临两个突出问题，一是有些农户一年养肉鸡不足五批，这样的话鸡舍没有被充分利用，尤其是市场鸡，由于缺乏有效约束，其看准市场就养一批，投机心理和投机行为较为突出，由此可能会造成数据统计不一致。二是假如一个养殖户一批鸡出栏 5 000 只，一年出栏五批，养殖两栋鸡舍，以年出栏量为依据的话，他与一批鸡出栏 10 000 只，一年出栏五批，其养殖规模是一样的。但实际上，其用工、用料、用药的量与效率是不一样的，污水处理的方式方法也会有所区别，由此可能会造成结果跟预想的不一样。

（3）农户用水认知变量

在商品肉鸡养殖户用水认知的变量中，肉鸡养殖户的鸡的饮用水对提高商品肉鸡抗病力和质量的影响的认知对肉鸡养殖户污水处理行为具有显著性的正影响。表明商品肉鸡养殖户越是能够意识到饮用水对提高肉鸡抗病力和质量的重要性，越是能够重视污水处理的问题。

商品肉鸡养殖户用水认知中的饮水前消毒的认知对商品肉鸡污水处理行为没有显著性影响，这可能与大部分商品肉鸡养殖户都不进行饮水前消毒有关，调研结果为76%的商品肉鸡养殖户对商品肉鸡饮水前都不进行消毒。

（4）养殖环境特征变量

养殖环境特征变量中的参加产业化组织、参加培训，均对北京商品肉鸡养殖户污水处理行为没有显著性影响。这可能与大部分人（82.3%的人参加过产业化组织，93.4%的人参加过培训）都参加了产业化组织和培训有关。

有些产业化组织是为了树立品牌、拓宽销路而经营的，如一些私人养鸡合作社，对社员的污水处理行为的关注并不多。另外，有些农民因为主观上认为自己经验丰富，比授课专家、学者、老师的水平高，其培训只是走了过场，并没有起到规范生产行为的作用。还有一些农民由于自身文化等综合条件所限，对授课老师所讲的内容理解并不是很到位，更别说实际操作了。

4.1.3.7 是否具有污水处理系统的影响因素分析

采用二元Logit模型，对北京市商品肉鸡养殖户是否具有污水处理系统的影响因素进行分析，自变量选择个人特征变量、家庭特征变量、农户用水认知变量、养殖环境特征变量。

与北京商品肉鸡是否处理污水的影响因素分析方法一样，

个人特征变量包括北京商品肉鸡养殖户的年龄、受教育程度，家庭特征变量包括北京肉鸡养殖户的养殖年限、养殖规模，农户用水认知变量包括北京商品肉鸡养殖户的鸡的饮用水对提高肉鸡抗病力和质量的影响的认知和是否饮水前消毒，养殖环境特征变量包括北京商品肉鸡养殖户是否参加产业化组织、是否参加培训。

模型处理结果如表 4 - 21：

表 4 - 21　肉鸡养殖户是否具有污水处理系统的影响因素

	B	S. E.	Wals	Sig.
age	−0.044	0.022	3.949	0.047
edu	−0.041	0.068	0.370	0.543
year	−0.064	0.051	1.589	0.208
size	−0.138	0.430	0.103	0.748
imp	0.178	0.286	0.389	0.533
dis	0.592	0.681	0.755	0.385
ind	−0.994	1.152	0.745	0.388
tra	1.685	1.096	2.364	0.124
常量	0.608	1.467	0.172	0.679

通过模型结果可以发现，年龄、受教育程度、养殖年限、养殖规模、北京商品肉鸡养殖户的鸡的饮用水对提高肉鸡抗病力和质量的影响的认知和是否饮水前消毒、是否参加产业化组织、是否参加培训，这八个自变量对北京商品肉鸡养殖户均没有显著性影响。

调研发现，北京商品肉鸡养殖户关于是否具有污水处理系统，有 154 个肉鸡养殖户选择没有，占比 77.8%；有 44 人选择有专业的污水处理系统，占比 22.2%。可见，绝大部分肉鸡养殖户都没有专业的污水处理系统，对污水的处理缺乏相应的硬件支撑。污水处理系统过少，可能是所有自变量都不显著的根本原因。

4.2 北京奶牛养殖用水情况调研

4.2.1 数据来源与样本总体特征

本书所用数据由北京农学院 10 名研究生和本科生于 2012 年 7—8 月份（暑假期间）对北京奶牛养殖户调研得出，调查共发放问卷 540 份，收回有效问卷 489 份，有效问卷回收率 90.5%，并在 2014 年进行了补充调研。问卷的主要内容：第一部分为背景题，包括养殖户的年龄、性别、受教育程度、家庭人口数、养殖年限、参与养牛人员基本情况等；第二部分为养殖户 2011、2012 年奶牛养殖情况；第三部分为奶牛饲养管理，包括品种、各种投入情况等；第四部分为对水资源以及水污染的认知。

在调查样本中，农户中决定经济活动的成员年龄分布中，小于 30 岁以及大于 60 岁的共占样本总数的 18%，而 82% 以上决策者年龄在 30～60 岁之间。对于决策者受教育情况这里选用了受教育年限作为变量，最高教育程度是大专，仅有一个样本，而没有接受过教育的决策者占总样本的 2.2%，受教育年限集中在 5～10 年之间，占到了样本的 85.3%，也就是说大部分决策者接受了初中教育。决策者养殖奶牛最长的达 30 年之久，最短的仅 2 个月，在调查样本中，有 22.7% 农户养牛长达 10 年以上，而仅有 5% 农户养牛不到一年的时间，55.3% 的农户养殖奶牛在 1～5 年之间。农户经济活动中有超过 50％的农户全部收入来自养牛收入，这说明奶牛养殖在农户经济活动中的重要程度。样本中有 25％的农户在养牛之前是从事非农产业的，75％从事包括种植业、养殖业在内的农业的。

44％的农户没有与乳品公司签订相应的买卖合同，而在 56％签有合同的农户中有超过 90％的合同形式是价格随行就市，没有最低保护价。现在推行的"公司＋农户"的农业产业化经营模式中，乳品企业与养牛农户之间并不单是纯粹的买卖关系，但在我们的调查中仅有不到 50％的农户得到过乳品企业不同形式的帮助，其中包括技术指导、举办讲座、发放技术辅导材料等方式。

在样本中有超过一半的农户参加过不同方式的关于奶牛养殖方面的培训，这些培训大部分是由当地政府部门组织的，超过 95％，有一些是由乳品公司组织的，此外，还有一些饲料公司为了推销本公司产品而组织的。

4.2.2　奶牛养殖户用水情况

（1）奶牛饲养用水来源

当问及奶牛饲养过程中用水来源问题时，选择自来水的占比 15.6％；选择井水的有占比 84.4％。从数据可以得知，绝大部分奶牛养殖户饲养奶牛用水来源于井水，其次来源于自来水。

（2）饮水前是否消毒

关于奶牛用水前是否对水进行消毒的问题，不进行消毒的，占比 65.8％；选择饮水前消毒的，占比 34.2％。从这个调查结果来看，大部分奶牛养殖户不重视奶牛用水消毒问题，他们觉得水质没问题，没必要检测更没必要消毒。而选择对奶牛饮水消毒的奶牛养殖户中，有部分是因为检测过水质有问题，如大肠杆菌超标等，所以要进行饮水前消毒。

（3）是否因为水质问题引起奶牛生病

在被调研的奶牛养殖户中，没有因为水质问题而引起奶牛生病的养殖户占比 94.1％；有因为水质问题而引起奶牛生病的养殖户只占比 5.9％。从这个结果可以看出，虽然大部分奶牛养殖户没有因为水质问题而引起奶牛生病，但一旦引发疾病，养殖户的收益会受损。

（4）肉鸡饮用水对提高奶牛抗病力和质量的影响

当被问及"在奶牛的饲养过程中，奶牛饮用水对提高奶牛抗病力和质量的影响"时，选择没有影响的，占比 40.6％；选择有一定影响的，占比 47％；选择有决定性影响的，占比 12.4％。在选择没有影响的养殖户中，大部分是因为水质好，没有因为水质问题引起牛群生病；也有部分养殖户对饮用水的关注较少、认知较浅，认知不到水对提高奶牛抗病力和质量的重要性。

（5）奶牛场污水处理方式

由于奶牛养殖中水的需要量相对比家禽的大，奶牛饲养人员对于污水的处理更加重视一些。70.12％的奶牛场有相关的污水处理设施。

（6）污水处理系统

当被问及是否有专业的污水处理系统时，选择没有占比 67.8％；选择有专业的污水处理系统，占比 32.2％。可见，绝大部分养殖户都没有专业的污水处理系统，对污水的处理缺乏相应的硬件支撑。

4.2.3　北京奶牛养殖户污水处理影响因素分析

采用与肉鸡养殖户污水处理影响因素分析一样的方法，因变量和自变量一致，因此本书此处就不详细列出相关研究步骤，仅报告相关结论。

从模型运算结果中可以看出，北京市奶牛养殖户污水处理行为的显著性影响因素有 3 个，分别是商品养殖户的受教育程度、养殖规模、养殖户的饮用水对提高商品奶牛抗病力和质量的影响的认知。没有显著性影响的因素有：养殖户个人特征中的年龄，家庭特征中的养殖年限、养殖户用水认知中的饮水前消毒的认知，养殖环境特征变量中的参加产业化组织和参加培训。

与肉鸡相关结果相比，养殖规模对于奶牛养殖污水处理有显著影响。

5 北京畜牧业水资源利用基于 *DEA* 的效率分析

5.1 *DEA* 方法简介

DEA 模型可以简单分为两种：不变规模收益的 *DEA* 模型和可变规模收益的 *DEA* 模型。

模型形式

首先我们要进行一些界定。假设有 N 个样本（决策单元），每个样本有 K 种投入和 M 种产出。对于第 i 个样本投入产出量分别为 x_i、y_i。投入矩阵 $X = K \times N$，产出矩阵 $Y = M \times N$，代表所有 N 个决策单元的数据。对于每一个决策单元，我们可以得到所有投入与所有产出的比值，如 $u'y_i/v'x_i$，其中 u 是一个 $M \times 1$ 的向量，v 是 $K \times 1$ 的向量。我们可以用数学规划的方法来寻找最佳的 u、v。

$$\max_{u,v}(u'y_i/v'x_j)$$
$$\text{st } u'y_i/v'x_j \leqslant 1, j = 1, 2, \cdots, N$$
$$u, v \geqslant 0 \qquad\qquad (5\text{-}1)$$

对于公式（5-1）有一个问题，就是会有无限多个解，为了避免这一问题，加上一个限制条件：$v'x_i = 1$。即：

$$\max_{u,v}(u'y_i)$$
$$\text{st } \quad u'y_i - v'x_j \leqslant 0, j = 1, 2, \cdots, N$$

$$u, v \geqslant 0$$
$$v' x_i = 1 \qquad (5\text{-}2)$$

通过对偶变换，公式（5-2）可以得到如下形式：

$$\min_{\theta, \lambda} \theta,$$
$$- y_i = Y\lambda \geqslant 0$$
$$\text{st} \quad \theta x_i - X\lambda \geqslant 0 \qquad (5\text{-}3)$$
$$\lambda \geqslant 0$$

在公式（5-3）中，*CRS* 的线形规划模型中加入凸性限制：$N_1' \lambda = 1$，就得到 *DEA* 的可变规模报酬形式（VRS）：

$$\min_{\theta, \lambda} \theta,$$
$$- y_i = Y\lambda \geqslant 0$$
$$\theta x_i - X\lambda \geqslant 0$$
$$\text{st} \quad N_1' \lambda = 1 \qquad (5\text{-}4)$$
$$\lambda \geqslant 0$$

从可变规模报酬形式，即公式（5-4）中，我们计算得出的 *TE* 可以分解为两个部分：纯技术效率和规模效率。在计算中通过运行 *CRS*、*VRS* 两个 *DEA* 模拟，对于同一个决策单元如果得到的是两个不同的 *TE*，那么就说明这一决策单元具有规模效率，其通过 *VRS* 的 *TE* 值比上 *CRS* 的 *TE* 值得到。

DEA 中的冗余（slack）问题：

PIECEWISE 线形形式的 *DEA* 方法在测量效率时存在着一定的冗余问题。为了说明这一问题，用图 5-1 来表示。*A*、*B* 点是无效率的，而 *C*、*D* 两点在生产前沿面上是有效率的。Farrell（1957）定义了 *A*、*B* 两点的效率分别是 *OA'/OA*、*OB'/OB*。但是，问题在于 *A'* 点是不是一个有效率的点？从图 5-1 我们可以看到，减少 x_2 到 *C* 点仍然可以保持产出不减少，这时我们就称之为投入冗余。为了避免这一问题，可以采用两阶段的 DEA 方法，其第二阶段模型的形式如下：

$$\min_{\lambda,OS,IS} - (M_1{}'OS + K_1{}'IS)$$

$$- y_i + Y\lambda - OS = 0$$

$$st \quad \theta x_i - X\lambda - IS = 0 \qquad\qquad (5\text{-}5)$$

$$\lambda \geqslant 0, OS \geqslant 0, IS \geqslant 0$$

公式（5-5）中 OS 是 $M \times 1$ 的产出冗余向量，IS 是 $K \times 1$ 的投入冗余向量。在两阶段的 DEA 方法中，θ 不是一个变量，其值来自于第一个阶段的结果。

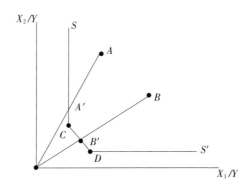

图 5-1　DEA 中的冗余（slack）情况分析图

对于第二阶段计算中存在着两个主要的问题。首先，对于冗余的总和是最大化的而非最小化的，因此得到的不是最近的效率点而是最远的效率点。第二，数据测度单位对于第二阶段的分析结果有影响。比如，化肥的计量单位从千克变为吨，其结果是不同的效率边界，也就有了不同的冗余值，计算的 λ 值也不同。由于以上的缺陷，在实际分析工作中，许多研究只是计算第一个阶段，同时给出相应的冗余值。本书将运用这种方法进行分析。

5.2 研究思路

畜牧业生产需要投入各种生产要素，水作为很重要的生产要素之一，对畜牧业的发展有重要作用。本研究分析水资源利用效率，主要是分析水资源的技术效率。假如某项畜牧业生产没有效率，那么就意味着某种投入品投入过多。水作为投入品的一种，本书的重点就是要来看水的投入是不是过多。本部分研究思路分为两点，第一，从全国范围比较，分析北京畜牧业水投入是不是多了；第二，从北京各年份连续数据来看，是用水越来越有效率，还是越来越浪费。

本章对肉鸡 2009 年以来、蛋鸡、奶牛、生猪 2004 年以来水资源利用情况利用 *DEA* 方法进行分析，由于数据量很大，本研究只汇报初始年份，2013 年和其中有代表性的一年。

5.3 北京肉鸡养殖水资源利用经济效率分析

在北京，肉鸡养殖主要是中规模和大规模的，所以本书只研究这两种情况。

5.3.1 *DEA* 变量和数据选择

产出：产出总量（数量单位：千克），用每百只肉鸡主产品产量来表示。

投入：精饲料费用（肉鸡养殖基本不用粗饲料）、水费、劳动力投入（每百只人工成本）、其他投入（其他投入＝每百只物质与服务费－精饲料费用－水费），这些都是每百只所用费用（单位：元）。

5.3.2　北京大规模肉鸡养殖水资源利用经济效率分析

5.3.2.1　2009 年情况分析

北京大规模肉鸡养殖，从 2009 年开始有水费统计，本部分研究数据选取了《全国农产品成本收益汇编》中 2009 年的截面数据。其中大规模肉鸡生产有 11 个省区，分别是北京、天津、黑龙江、浙江、安徽、河南、湖北、湖南、广东、广西、云南。

表 5-1　2009 年大规模肉鸡产出与投入情况表

单位：千克，元

省份	主产品产量	精饲料费	水费	劳动力投入	其他投入
北京	262.5	1 787.19	10	62.54	529.38
天津	247.74	1 440.17	8.71	91.39	454.12
黑龙江	280	1 508	5	93.5	350.26
浙江	168.8	1 392.65	2.5	89	181.83
安徽	166.66	1 012.72	4.35	44.2	294.64
河南	223.99	1 331.15	5.75	116.75	367.58
湖北	144.65	848	3.45	32.24	298.7
湖南	189.26	1 225.59	6.6	104.56	301.97
广东	156.85	1 220.69	3.42	97	295.22
广西	183.05	1 455.27	10.05	99.43	496.57
云南	250.67	2 151	10.03	55.56	513.4

从表 5-1 可以看出，在 2009 年大规模肉鸡生产中，按照降序排列，北京每百只肉鸡的主产品产量在 11 个省区中排名

第 2，处于中上等水平，北京大规模肉鸡主产品产量全国领
先；北京每百只肉鸡的精饲料费在 11 个省区中排名第 2，属
于精饲料费比较高的地区；北京每百只肉鸡的水费在 11 个省
区中排名第 3，说明北京大规模肉鸡用水比较多；北京每百只
肉鸡的劳动力投入在 11 个省区中排名第 8，充分说明北京大
规模肉鸡生产机械化水平比较高；北京每百只肉鸡的其他投入
在 11 个省区中排名第 1，说明其他投入比较多。

表 5 - 2   2009 年大规模肉鸡生产的 DEA 结果

地区	技术效率测算结果				投入要素冗余比例（%）			
	TE (CRS)	*TE* (VRS)	规模效率		精饲料投入	水资源投入	劳动力投入	其他物质投入
北京	0.981	1.000	0.981	drs	0.00	0.00	0.00	0.00
天津	0.926	0.931	0.995	irs	0.00	79.92	4.80	31.64
黑龙江	1.000	1.000	1.000	—	0.00	0.00	0.00	0.00
浙江	1.000	1.000	1.000	—	0.00	0.00	0.00	0.00
安徽	0.996	1.000	0.996	irs	0.00	0.00	0.00	0.00
河南	0.906	0.919	0.986	irs	0.00	25.41	51.46	9.25
湖北	1.000	1.000	1.000	—	0.00	0.00	0.00	0.00
湖南	0.832	0.911	0.913	irs	0.00	66.25	53.07	0.00
广东	0.784	0.845	0.927	irs	0.00	0.00	39.86	12.22
广西	0.677	0.680	0.996	irs	0.00	106.11	12.22	43.46
云南	1.000	1.000	1.000	—	0.00	0.00	0.00	0.00
平均值	0.918	0.935	0.981		0.00	22.51	15.45	8.59

注：冗余比例＝冗余量/（平均实际使用量－冗余量）；irs 表示规模效率递增，
drs 表示规模效率递减，—表示规模效率不变。

从表 5 - 2 中，我们看到，北京 2009 年大规模肉鸡生产的
总效率为 0.981，纯技术效率达到 1、规模效率为 0.981，说明

北京大规模肉鸡技术效率已经达到最优，北京规模报酬递增。从全国来看，11个省区平均的技术效率为0.935，也就是说在现有的技术条件下，大规模肉鸡的生产距离前沿生产可能面还有一定的距离，有提高的空间。分组来看，技术效率达到1的有4个省区，0.9～1之间的4个，最小的技术效率值为0.677。在大规模肉鸡生产中有4个省区处在规模报酬不变的阶段，6个省区处在规模报酬递增的阶段，其余1个省区处在规模报酬递减的阶段。

在投入冗余的分析中，四种投入要素：只有精饲料投入没有冗余情况，水资源投入、劳动力投入、其他投入均出现冗余的情况。但三种投入冗余的情况并不相同。其他物质投入是四种投入中冗余最小的一项，冗余比例不到9％。水资源投入过度情况最明显，平均冗余比例达到了22.51％。在水资源投入这一项中，只有天津、河南、湖南、广西四个省区存在投入过剩的情况，冗余比例最大的广西高达106.11％，平均为22.51％。在劳动力投入这一项中，天津、河南、湖南、广东、广西5个省区存在投入过度的情况，并且湖南投入过度最多，高达53.07％。通过以上的分析，可以得出这样的结论，目前大规模肉鸡生产中，除了精饲料投入以外，要素投入明显过剩。

值得肯定的是，在大规模肉鸡生产中，北京平均的技术效率为1，在各项投入中没有冗余。不存在冗余也就意味着其技术效率在可变规模报酬的计算模型中达到了1。

5.3.2.2　2011年情况

本部分研究数据选取了《全国农产品成本收益汇编》中2011年的截面数据。其中大规模肉鸡生产有11个省区，分别是北京、天津、辽宁、黑龙江、浙江、安徽、河南、湖南、广东、广西、云南。

表 5 - 3　2011 年大规模肉鸡产出与投入情况表

单位：千克，元

省份	主产品产量	精饲料费	水费	劳动力投入	其他投入
北京	249.5	2 025.7	6	91.47	665.19
天津	237.06	1 425.88	7.77	138.26	471.82
辽宁	314	1 913.6	8.5	346	628.1
黑龙江	275	1 834	5	140	604
浙江	195.7	1 925.28	3	127.8	320.2
安徽	206.87	1 481.96	3.16	87.3	351.4
河南	256.85	1 618.54	5.1	163.58	608.94
湖南	192.49	1 318.63	3.27	66.98	497.65
广东	150.82	1 350.13	3.69	132.45	360.92
广西	179.5	1 675.14	8.8	102.8	550.56
云南	245.25	2 276.38	10.95	57.63	723.22

从表 5 - 3 可以看出，在 2011 年大规模肉鸡生产中，按照降序排列，北京每百只肉鸡的主产品产量在 11 个省区中排名第 4，处于中上等水平；北京每百只肉鸡的精饲料费在 11 个省区中排名第 2，属于精饲料费比较高的地区；北京每百只肉鸡的水费在 11 个省区中排名第 5，说明北京大规模肉鸡用水比较多；北京每百只肉鸡的劳动力投入在 11 个省区中排名第 8，充分说明北京大规模肉鸡生产机械化水平比较高；北京每百只肉鸡的其他投入在 11 个省区中排名第 2，说明其他投入比较多。

表 5 - 4　2011 年大规模肉鸡生产的 DEA 结果

地区	技术效率测算结果				投入要素冗余比例（％）			
	TE (CRS)	TE (VRS)	规模效率		精饲料投入	水资源投入	劳动力投入	其他物质投入
北京	0.928	1.000	0.928	drs	0.00	0.00	0.00	0.00
天津	1.000	1.000	1.000	—	0.00	0.00	0.00	0.00
辽宁	1.000	1.000	1.000	—	0.00	0.00	0.00	0.00
黑龙江	1.000	1.000	1.000	—	0.00	0.00	0.00	0.00
浙江	1.000	1.000	1.000	—	0.00	0.00	0.00	0.00
安徽	1.000	1.000	1.000	—	0.00	0.00	0.00	0.00
河南	1.000	1.000	1.000	—	0.00	0.00	0.00	0.00
湖南	1.000	1.000	1.000	—	0.00	0.00	0.00	0.00
广东	0.762	1.000	0.762	irs	0.00	0.00	0.00	0.00
广西	0.725	0.754	0.962	drs	0.00	82.50	0.00	0.00
云南	1.000	1.000	1.000	—	0.00	0.00	0.00	0.00
平均值	0.947	0.978	0.968		0.00	6.50	0.00	0.00

注：冗余比例＝冗余量/（平均实际使用量－冗余量）；irs 表示规模效率递增，drs 表示规模效率递减，—表示规模效率不变。

从表 5 - 4 中，我们看到，按照降序排列，北京 2011 年大规模肉鸡生产的总效率为 0.928、纯技术效率为 1、规模效率达到 0.928，说明北京大规模肉鸡投入技术效率已经达到最优，北京规模效率递增。从全国来看，11 个省区平均的技术效率为 0.978，也就是说在现有的技术条件下，大规模肉鸡的生产距离前沿生产可能面还有一定的距离，有提高的空间。分组来看，效率达到 1 的有 10 个省区，0.7～0.8 的有 1 个，其技术效率值为 0.754。在大规模肉鸡生产中有 8 个省区处在规模报酬不变的阶段，1 个省区处在规模报酬递增的阶段，其余 2 个省区处在规模报酬递减的阶段。

　　在投入冗余的分析中，四种投入要素：只有水资源投入有冗余情况，精饲料投入、劳动力投入、其他物质投入 3 项均没有出现冗余的情况。水资源投入只有广西出现了冗余情况，其冗余比例为为 82.50%，平均冗余比例为 6.50%。通过以上的分析，可以得出这样的结论，目前大规模肉鸡生产中，水资源要素投入明显过剩。

　　值得肯定的是，在 2011 年大规模肉鸡生产中，北京平均的技术效率为 1，在各项投入中没有冗余。不存在冗余也就意味着其技术效率在可变规模报酬的计算模型中达到了 1。

5.3.2.3　2013 年情况

　　本部分研究数据选取了《全国农产品成本收益汇编》中 2013 年的截面数据。大规模肉鸡生产有 10 个省区，分别是北京、天津、黑龙江、浙江、河南、湖北、湖南、广东、广西、云南。

表 5 - 5　2013 年大规模肉鸡产出与投入情况表

单位：千克，元

省份	主产品产量	精饲料费	水费	劳动力投入	其他投入
北京	250	2 084.45	5	95.12	687.95
天津	259.41	1 796.66	9.47	233.1	526.34
黑龙江	285	1 814	5	250	487
浙江	203	1 935	3	150	287.9
河南	250.44	1 667.19	3.98	217.12	458.7
湖北	139.35	1 384	2.95	79.96	357.98
湖南	239.33	1 426.83	8	153	459.9
广东	152.17	1 820.26	1.81	137.89	438.85
广西	184.58	1 837.35	7.47	184.42	542.17
云南	264	2 571.72	3.66	122.27	630.01

从表 5-5 可以看出，在 2013 年大规模肉鸡生产中，北京每百只肉鸡的主产品产量在 10 个省区中排名第 5，处于中等水平；北京每百只肉鸡的精饲料费在 10 个省区中排名第 2，属于精饲料费比较高的地区；北京每百只肉鸡的水费在 10 个省区中，与黑龙江一样并列排名第 4，说明北京大规模肉鸡用水比较多；北京每百只肉鸡的劳动力投入在 10 个省区中排名第 9，充分说明北京大规模肉鸡生产机械化水平比较高；北京每百只肉鸡的其他投入在 10 个省区中排名第 1，说明其他投入比较多。

表 5-6　2013 年大规模肉鸡生产的 DEA 结果

地区	技术效率测算结果				投入要素冗余比例（%）			
	TE (CRS)	TE (VRS)	规模效率		精饲料投入	水资源投入	劳动力投入	其他物质投入
北京	1.000	1.000	1.000	—	0.00	0.00	0.00	0.00
天津	0.892	0.929	0.960	drs	0.00	80.28	0.00	61.06
黑龙江	1.000	1.000	1.000	—	0.00	0.00	0.00	0.00
浙江	1.000	1.000	1.000	—	0.00	0.00	0.00	0.00
河南	1.000	1.000	1.000	—	0.00	0.00	0.00	0.00
湖北	0.884	1.000	0.884	irs	0.00	0.00	0.00	0.00
湖南	1.000	1.000	1.000	—	0.00	0.00	0.00	0.00
广东	1.000	1.000	1.000	—	0.00	0.00	0.00	0.00
广西	0.664	0.694	0.957	drs	0.00	34.94	0.00	0.00
云南	1.000	1.000	1.000	—	0.00	0.00	0.00	0.00
平均值	0.944	0.962	0.980		0.00	12.99	0.00	1.90

注：冗余比例＝冗余量/（平均实际使用量－冗余量）；irs 表示规模效率递增，drs 表示规模效率递减，—表示规模效率不变。

从表 5-6 中，我们看到，按照降序排列，北京 2013 年大规模肉鸡生产的总效率、纯技术效率、规模效率均达到了 1，说明北京大规模肉鸡投入产出效率已经达到最优。从全国来看，10 个省区平均的技术效率为 0.962，也就是说在现有的技术条件下，大规模肉鸡的生产距离前沿生产可能面还有一定的距离，有提高的空间。分组来看，效率达到 1 的有 8 个省区，0.9～1 之间的 1 个，0.6～0.7 的有 1 个，最小的技术效率值为 0.694。在大规模肉鸡生产中有 7 个省区处在规模报酬不变的阶段，1 个省区处在规模报酬递增的阶段，其余 2 个省区处在规模报酬递减的阶段。

在投入冗余的分析中，四种投入要素：精饲料与劳动力投入没有出现冗余的情况，而水资源、其他物质投入均出现了投入过度的情况。但两种投入冗余的情况并不相同。其他物质投入是四种投入中冗余最小的一项，冗余比例不到 2%，在所有 10 个省区中只有天津的其他物质有投入过剩的情况，其他投入冗余比例高达 61.06%。在水资源投入这一项中，只有天津、广西两个省区存在投入过剩的情况，冗余比例最大的天津高达 80.28%，广西达到了 34.94%，平均为 12.99%。通过以上的分析，可以得出这样的结论，目前大规模肉鸡生产中，除了精饲料、劳动力投入以外，要素投入明显过剩。

值得肯定的是，在 2013 年大规模肉鸡生产中，北京平均的技术效率为 1，在各项投入中没有冗余。不存在冗余也就意味着其技术效率在可变规模报酬的计算模型中达到了 1。

5.3.2.4 结论

综上所述，北京 2009 年大规模肉鸡生产每百只水费全国排名第 3，2011 年每百只水费全国排名第 5，2013 年每百只水费全国排名第 4，可见，北京大规模肉鸡生产用水在全国属于比较多的。2009 年、2011 年、2013 年，北京大规模肉鸡生产技术效率均为 1，水资源投入均没有出现冗余情况，说明近些年北京大规模肉鸡用水效率相对较高。

5.3.3 北京中规模肉鸡养殖水资源利用经济效率分析

5.3.3.1 2009 年情况

北京中规模肉鸡养殖，从 2009 年开始有水费统计，本部分研究数据选取了《全国农产品成本收益汇编》中 2009 年的截面数据。其中中规模肉鸡生产有 16 个省区，分别是北京、天津、山西、内蒙古、辽宁、吉林、黑龙江、浙江、山东、河南、湖北、湖南、广东、海南、云南、宁夏。

表 5-7 2009 年中规模肉鸡产出与投入情况表

单位：千克，元

省份	主产品产量	精饲料费	水费	劳动力投入	其他投入
北京	266.5	1 836.8	5	158.81	632.64
天津	228.39	1 338.8	3.67	80.02	410.63
山西	150.4	660.21	3	139.6	348.34
内蒙古	240.21	1 232.51	5.98	119.88	390.06
辽宁	285.64	1 541.47	2.48	124.34	461.59
吉林	304.09	1 538.98	4.62	188.43	421.63
黑龙江	274.07	1 348.17	4.05	148.8	344.88
浙江	278.33	1 649.59	3.73	84.52	318.83
山东	253.12	1 175.07	1.98	119.31	504.91
河南	229.33	1 356.49	6.18	140.74	402.81
湖北	201.53	1 135.75	3.38	34.82	352.84
湖南	188.33	1 396.84	7.93	114.9	287.72

（续）

省份	主产品产量	精饲料费	水费	劳动力投入	其他投入
广东	169.13	1 128.63	1.98	48.53	191.15
海南	131.43	1 047.99	0.91	140.91	307.89
云南	241.2	1 731.6	2.98	56.82	525.25
宁夏	274.53	1 560.02	3.71	143.29	571.91

从表 5 - 7 可以看出，在 2009 年中规模肉鸡生产中，按照降序排列，北京每百只肉鸡的主产品产量在 16 个省区中排名第 6，处于中上等水平；北京每百只肉鸡的精饲料费在 16 个省区中排名第 1，属于精饲料费比较高的地区；北京每百只肉鸡的水费在 16 个省区中排名第 4，说明北京中规模肉鸡用水比较多；北京每百只肉鸡的劳动力投入在 16 个省区中排名第 2，充分说明北京中规模肉鸡劳动力投入比较高；北京每百只肉鸡的其他投入在 16 个省区中排名第 1，说明其他投入比较多。

表 5 - 8　2009 年中规模肉鸡生产的 DEA 结果

地区	技术效率测算结果				投入要素冗余比例（%）			
	TE（CRS）	*TE*（VRS）	规模效率		精饲料投入	水资源投入	劳动力投入	其他物质投入
1 北京	0.718	0.898	0.800	drs	16.96	14.52	0.00	61.25
2 天津	0.908	0.927	0.980	drs	0.00	19.70	0.00	5.72
3 山西	1.000	1.000	1.000	—	0.00	0.00	0.00	0.00
4 内蒙古	0.957	0.961	0.996	irs	0.00	80.17	0.00	0.00
5 辽宁	1.000	1.000	1.000	—	0.00	0.00	0.00	0.00
6 吉林	0.965	1.000	0.965	drs	0.00	0.00	0.00	0.00
7 黑龙江	1.000	1.000	1.000	—	0.00	0.00	0.00	0.00

（续）

地区	技术效率测算结果				投入要素冗余比例（%）			
	TE (CRS)	TE (VRS)	规模 效率		精饲料 投入	水资源 投入	劳动力 投入	其他物 质投入
8 浙江	1.000	1.000	1.000	—	0.00	0.00	0.00	0.00
9 山东	1.000	1.000	1.000	—	0.00	0.00	0.00	0.00
10 河南	0.827	0.839	0.986	drs	0.00	82.79	0.00	0.00
11 湖北	1.000	1.000	1.000	—	0.00	0.00	0.00	0.00
12 湖南	0.767	0.773	0.992	irs	0.00	140.89	23.12	0.00
13 广东	1.000	1.000	1.000	—	0.00	0.00	0.00	0.00
14 海南	1.000	1.000	1.000	—	0.00	0.00	0.00	0.00
15 云南	1.000	1.000	1.000	—	0.00	0.00	0.00	0.00
16 宁夏	0.854	0.941	0.908	drs	0.00	3.63	0.00	36.35
平均值	0.937	0.959	0.977		1.24	22.89	1.18	6.85

注：冗余比例＝冗余量/（平均实际使用量－冗余量）；irs 表示规模效率递增，drs 表示规模效率递减，—表示规模效率不变。

从表 5‐8 中，我们看到，按照降序排列，北京 2011 年中规模肉鸡生产的总效率为 0.718、纯技术效率为 0.898、规模效率为 0.800，说明北京中规模肉鸡投入产出效率没有达到最优，北京规模效率递增。从全国来看，16 个省区平均的技术效率为 0.959，也就是说在现有的技术条件下，大规模肉鸡的生产距离前沿生产可能面还有一定的距离，有提高的空间。分组来看，效率达到 1 的有 9 个省区，0.9～1 之间的有 6 个，0.8～0.9 的有 1 个，最小的技术效率值为 0.800。在中规模肉鸡生产中有 9 个省区处在规模报酬不变的阶段，2 个省区处在规模报酬递增的阶段，其余 5 个省区处在规模报酬递减的阶段。

在投入冗余的分析中，四种投入要素：精饲料投入、水资源投入、劳动力投入和其他物质投入均出现冗余的情况。但四种投入冗余的情况并不相同。劳动力投入是四种投入中冗余最小的一项，冗余比例不到 2%，而水资源投入过度情况最明显，达到 22.89%。在精饲料投入这一项，只有北京存在投入过度情况，冗余比例为 16.96%。在水资源投入这一项中，只有北京、天津、内蒙古、河南、湖南、宁夏 6 个省区存在投入过剩的情况，冗余比例最大的湖南高达 140.89%，其次为湖北冗余比例达到 82.79%，内蒙古为 80.17%。北京水资源投入冗余比例为 14.52%，在全国来讲，属于比较低的。通过以上的分析，可以得出这样的结论，目前中规模肉鸡生产中，精饲料投入、水资源投入、劳动力投入和其他物质投入，要素投入均明显过剩。

5.3.3.2　2011 年情况

本部分研究数据选取了《全国农产品成本收益汇编》中 2011 年的截面数据。其中中规模肉鸡生产有 16 个省区，分别是北京、天津、山西、内蒙古、辽宁、吉林、黑龙江、浙江、山东、河南、湖北、湖南、广东、广西、云南、宁夏。

表 5 - 9　2011 年中规模肉鸡产出与投入情况表

单位：千克，元

省份	主产品产量	精饲料费	水费	劳动力投入	其他投入
北京	262.75	2 184.85	6	93.74	621.84
天津	211.4	1 300.83	5.54	77.76	453.8
山西	150.78	777.96	2.83	141.89	494.69
内蒙古	262.49	1 356.79	5.93	158	533.04

（续）

省份	主产品产量	精饲料费	水费	劳动力投入	其他投入
辽宁	288.81	1 892.39	1.44	197.89	624.52
吉林	289.96	1 614.29	7.11	310.73	512.21
黑龙江	263.29	1 590.09	6.56	124	564.58
浙江	281.67	1 914.33	4	133.6	688.25
山东	258.55	1 575.76	2.83	170.92	723.77
河南	255.98	1 611.1	5.23	180.4	611.21
湖北	148.4	1 203.7	3.2	49.1	446.7
湖南	137	933.23	7.38	129.6	338.84
广东	155.08	1 563.16	1.63	117.2	428.64
广西	188.37	1 941.82	0.74	268.53	378.46
云南	237.6	1 959.61	5.19	85.43	651.71
宁夏	278.44	1 742.87	3.85	181.38	680.51

从表5-9可以看出，在2011年中规模肉鸡生产中，按照降序排列，北京每百只肉鸡的主产品产量在16个省区中排名第6，处于中上等水平；北京每百只肉鸡的精饲料费在16个省区中排名第1，属于精饲料费比较高的地区；北京每百只肉鸡的水费在16个省区中排名第4，说明北京中规模肉鸡用水比较多；北京每百只肉鸡的劳动力投入在16个省区中排名第13，充分说明北京中规模肉鸡生产机械化水平比较高；北京每百只肉鸡的其他投入在16个省区中排名第6，说明其他投入比较多。

从表5-10中，我们看到，按照降序排列，北京2011年中规模肉鸡生产的总效率、纯技术效率、规模效率均达到了1，

表 5-10　2011 年中规模肉鸡生产的 DEA 结果

地区	技术效率测算结果				投入要素冗余比例（％）			
	TE (CRS)	*TE* (VRS)	规模 效率		精饲料 投入	水资源 投入	劳动力 投入	其他物 质投入
北京	1.000	1.000	1.000	—	0.00	0.00	0.00	0.00
天津	1.000	1.000	1.000	—	0.00	0.00	0.00	0.00
山西	1.000	1.000	1.000	—	0.00	0.00	0.00	0.00
内蒙古	1.000	1.000	1.000	—	0.00	0.00	0.00	0.00
辽宁	1.000	1.000	1.000	—	0.00	0.00	0.00	0.00
吉林	1.000	1.000	1.000	—	0.00	0.00	0.00	0.00
黑龙江	0.981	1.000	0.981	drs	0.00	0.00	0.00	0.00
浙江	1.000	1.000	1.000	—	0.00	0.00	0.00	0.00
山东	0.998	1.000	0.998	irs	0.00	0.00	0.00	0.00
河南	0.881	0.930	0.948	drs	0.00	34.62	0.00	6.33
湖北	1.000	1.000	1.000	—	0.00	0.00	0.00	0.00
湖南	0.788	1.000	0.788	irs	0.00	0.00	0.00	0.00
广东	0.810	1.000	0.810	irs	0.00	0.00	0.00	0.00
广西	1.000	1.000	1.000	drs	0.00	0.00	0.00	0.00
云南	0.983	1.000	0.983	drs	0.00	0.00	0.00	0.00
宁夏	0.961	0.992	0.969	drs	0.00	31.98	0.00	12.69
平均值	0.963	0.995	0.967		0.00	3.38	0.00	1.31

注：冗余比例＝冗余量／（平均实际使用量－冗余量）；irs 表示规模效率递增，drs 表示规模效率递减，—表示规模效率不变。

说明北京大规模肉鸡投入产出效率已经达到最优。从全国来看，16 个省区平均的技术效率为 0.995，也就是说在现有的技术条件下，大规模肉鸡的生产距离前沿生产可能面还有一定的距离，有提高的空间。分组来看，效率达到 1 的有 9 个省区，0.9～1 之间的 5 个，0.8～0.9 的有 1 个，0.7～0.8 的有 1 个，最小的技术效率值为 0.788。在中规模肉鸡生产中有 8 个省区处在规模报酬不变的阶段，3 个省区处在规模报酬递增的阶段，其余 5 个省区处在规模报酬递减的阶段。

在投入冗余的分析中，四种投入要素：精饲料与劳动力投入没有出现冗余的情况，而水资源、其他物质投入均出现了投入过度的情况。但两种投入冗余的情况并不相同。其他物质投入是四种投入中冗余最小的一项，冗余比例不到 2%，在所有 16 个省区中只有河南、宁夏的其他物质有投入过剩的情况，河南冗余比例为 6.33%，宁夏冗余比例 12.69%。在水资源投入这一项中，只有河南、宁夏 2 个省区存在投入过剩的情况，冗余比例最大的河南为 34.62%，宁夏冗余比例达到了 31.98%，平均为 3.38%。通过以上的分析，可以得出这样的结论，目前大规模肉鸡生产中，除了精饲料、劳动力投入以外，要素投入明显过剩。

值得肯定的是，在 2011 年中规模肉鸡生产中，北京平均的技术效率为 1，在各项投入中没有冗余。不存在冗余也就意味着其技术效率在可变规模报酬的计算模型中达到了 1。

5.3.3.3　2013 年情况

本部分研究数据选取了《全国农产品成本收益汇编》中 2013 年的截面数据。中规模有 17 个省区作为决策单元（DMU），分别是北京、天津、山西、内蒙古、辽宁、吉林、黑龙江、浙江、山东、河南、湖北、湖南、广东、广西、海南、云南、宁夏。

表 5 - 11 2013 年中规模肉鸡产出与投入情况表

单位：千克，元

省份	主产品产量	精饲料费	水费	劳动力投入	其他投入
北京	264	2 032.47	5	107.72	670.41
天津	214.31	1 457.99	6.5	174.67	371.37
山西	232.43	1 405.8	3.01	233.42	396.67
内蒙古	244.74	1 783.54	5.9	217.8	566.41
辽宁	293.59	2 106.14	2.04	318.32	475.36
吉林	292.17	1 793.82	7.44	495.72	474.4
黑龙江	274	1 662.47	5.17	197.2	465.94
浙江	341	2 528.48	4.03	235.49	435.05
山东	263.56	1 677.29	3.33	240.24	609.53
河南	253.23	1 689.52	4.13	262.71	458.74
湖北	167.75	1 332.95	3.19	88.18	432
湖南	131.42	1 032.89	0.98	149.18	315.17
广东	155.79	1 744.19	3.98	165.62	386.11
广西	216.22	2 461.74	3.72	444.72	380.86
海南	154.25	1 903.22	0.5	272.34	421.15
云南	236.61	2 060.78	4.28	128.14	788.31
宁夏	288.56	1 852.67	3.55	272.08	681.9

从表 5 - 11 可以看出，在 2013 年中规模肉鸡生产中，北京每百只肉鸡的主产品产量在 17 个省区中排名第 6，处于中上等水平，属于主产品产量相对较高的地区；北京每百只肉鸡的精饲料费在 17 个省区中排名第 5，属于精饲料费比较高的地区；北京每百只肉鸡的水费在 17 个省区中排名第 5，说明北京中规模肉鸡用水比较多；北京每百只肉鸡的劳动力投入在 17 个省区中排名第 16，充分说明北京中规模肉鸡劳动力投入

比较低；北京每百只肉鸡的其他投入在 17 个省区中排名第 3，说明其他投入比较多。

表 5 - 12　2013 年中规模肉鸡生产的 DEA 结果

地区	技术效率测算结果				投入要素冗余比例（％）			
	TE (CRS)	TE (VRS)	规模效率		精饲料投入	水资源投入	劳动力投入	其他物质投入
北京	1.000	1.000	1.000	—	0.00	0.00	0.00	0.00
天津	0.931	1.000	0.931	irs	0.00	0.00	0.00	0.00
山西	1.000	1.000	1.000	—	0.00	0.00	0.00	0.00
内蒙古	0.832	0.862	0.965	drs	0.00	14.83	0.00	22.52
辽宁	1.000	1.000	1.000	—	0.00	0.00	0.00	0.00
吉林	1.000	1.000	1.000	—	0.00	0.00	0.00	0.00
黑龙江	1.000	1.000	1.000	—	0.00	0.00	0.00	0.00
浙江	1.000	1.000	1.000	—	0.00	0.00	0.00	0.00
山东	1.000	1.000	1.000	—	0.00	0.00	0.00	0.00
河南	0.922	0.942	0.979	drs	0.00	0.00	15.36	0.00
湖北	0.937	1.000	0.937	irs	0.00	0.00	0.00	0.00
湖南	0.947	1.000	0.947	irs	0.00	0.00	0.00	0.00
广东	0.627	0.721	0.870	irs	0.00	9.70	0.00	0.00
广西	0.724	0.878	0.825	irs	32.89	40.32	126.35	0.00
海南	1.000	1.000	1.000	—	0.00	0.00	0.00	0.00
云南	0.921	0.938	0.982	irs	6.51	0.00	0.00	33.55
宁夏	0.994	1.000	0.994	drs	0.00	0.00	0.00	0.00
平均值	0.932	0.961	0.967		3.00	2.83	7.61	3.76

注：冗余比例＝冗余量／（平均实际使用量－冗余量）；irs 表示规模效率递增，drs 表示规模效率递减，—表示规模效率不变。

从表 5 - 12 中，我们看到，按照降序排列，北京 2013 年中规模肉鸡生产的总效率、纯技术效率、规模效率均达到了

1，说明北京中规模肉鸡投入产出效率也已经达到最优。从全国来看，在中规模肉鸡生产中的 17 个省区平均的技术效率为 0.961。分组来看，效率达到 1 的有 12 个省区，0.9～1 之间的 2 个，0.8～0.9 之间的有 2 个，0.7～0.8 的有 1 个，最小的技术效率值为 0.721。在中规模肉鸡生产中有 8 个省区处在规模报酬不变的阶段，6 个省区处在规模报酬递增的阶段，其余 3 个省区处在规模报酬递减的阶段。

在投入冗余的分析中，中规模肉鸡生产中四种生产要素均存在冗余情况。在精饲料投入、水资源投入、劳动力投入、其他投入，这四中投入要素中，劳动力投入的冗余度最高，达到 7.61%，其中有 5 个省区存在投入过剩的情况。精饲料投入冗余比例最大的广西为 32.89%，云南为 6.51%。水资源投入冗余比例最大的为广西，高达 40.32%，冗余最小的为广东 9.70%。劳动力投入冗余最大的为广西，高达 126.35%，河南为 15.36%。其他物质投入最大的为云南，达到 33.55%，内蒙古为 22.52%。

值得肯定的是，在中规模肉鸡生产中，北京平均的技术效率为 1，在各项投入中没有冗余。不存在冗余也就意味着其技术效率在可变规模报酬的计算模型中达到了 1。

5.3.3.4　结论

综上所述，北京 2009 年中规模肉鸡生产每百只水费全国排名第 4，2011 年每百只水费全国排名第 4，2013 年每百只水费全国排名第 5，可见，北京中规模肉鸡生产用水在全国属于比较多的。2009 年北京中规模肉鸡生产技术效率为 0.898，水资源投入冗余比例为 14.52%；2011 年北京中规模肉鸡生产技术效率为 1，水资源投入冗余比例为 0；2013

年北京中规模肉鸡生产技术效率为 1，水资源投入冗余比例为 0。从北京中规模肉鸡近些年生产技术效率、水资源投入冗余比例的变化，我们发现，近些年北京中规模肉鸡用水效率呈现提高趋势。

5.4 北京蛋鸡养殖水资源利用经济效率分析

本书为研究大规模蛋鸡投资产出率，从《全国农产品成本收益年鉴》中选取了 2004 年、2009 年、2013 年三年的横截面数据做了如下分析：

5.4.1 DEA 变量选择与数据分析

产出：产出总量（数量单位：千克），用每百只蛋鸡主产品产量来表示。

投入：精饲料费用、水费、劳动力投入（每百只人工成本）、其他投入（其他投入＝每百只物质与服务费－精饲料费用－水费），这些都是每百只所用费用（单位：元）。

2004 年全国大规模蛋鸡养殖的省区有 19 个，分别是北京、天津、河北、内蒙古、辽宁、吉林、黑龙江、上海、江苏、山东、河南、湖北、重庆、四川、云南、海南、贵州、广东、福建。表 5-13 是 19 个省区大规模蛋鸡养殖投入产出情况，其中主产品产量最高的是黑龙江，最低的是广东，北京大规模蛋鸡产量排在第 12 位，处于中等水平。从投入角度来看，精饲料费用、水费、人工成本和其他费用分别排在第 8、6、8 和 8 的位置，属于投入费用较高的省区。

表 5-13　2004 年大规模蛋鸡投入产出情况

项目	主产品产量 （千克/百只）	精饲料费 （元/百只）	水费 （元/百只）	人工成本 （元/百只）	其他费用 （元/百只）
北　京	1 576.7	6 426.35	36.51	351.1	2 220.45
天　津	1 683.6	6 802.93	19.88	201.51	2 003.58
河　北	1 628.3	5 512.87	17	400.06	1 660.33
内蒙古	1 750	7 650	50	286.6	1 480
辽　宁	1 661.7	6 018.17	19	97.1	1 990.61
吉　林	1 723.9	6 118.63	8	288.6	1 913.15
黑龙江	1 845	6 141.27	10	506.25	2 131.24
上　海	1 562.7	6 696.42	39.74	252.92	2 426.82
江　苏	1 675.5	7 128.26	18	424.47	2 159.5
山　东	1 827.5	7 398.5	29.13	372.97	2 756.15
河　南	1 519.8	6 362.5	23.25	229.81	2 525.18
湖　北	1 562	5 189.4	17.21	825.7	1 758.11
重　庆	1 352	6 051	44	197.94	2 727.99
四　川	1 400	4 580.85	19.36	271.68	2 949.28
云　南	1 519.2	8 167.77	16.92	413.07	3 959.14
海　南	1 701.8	4 230	45.62	233.75	1 732.9
贵　州	1 587	6 219	0.65	440	1 980.7
广　东	1 299	6 121.88	2.97	270	2 105.55
福　建	1 685	7 077.09	98.88	119.64	2 498.09

　　2009 年全国大规模蛋鸡养殖的省区有 17 个，分别是北京、天津、山西、辽宁、吉林、黑龙江、江苏、安徽、福建、山东、河南、湖北、广东、海南、重庆、云南、甘肃。表 5-14 是 17 个省区大规模蛋鸡养殖投入产出情况，其中主产品产量最高的是吉林，最低的是广东，北京大规模蛋鸡产量排在第

12 位，处于较低水平。从投入角度来看，精饲料费用、水费、人工成本和其他费用分别排在第 6、17、10 和 7 的位置，其中水费与 2004 年相比降到了最低。

表 5 - 14 2009 年大规模蛋鸡产出投入情况

项目	主产品产量（千克/百只）	精饲料费（元/百只）	水费（元/百只）	人工成本（元/百只）	其他费用（元/百只）
北京	1 715.53	9 216.6	9.04	553.99	3 240.61
天津	1 764.6	8 953.57	14.74	249.63	2 535.39
山西	1 861.25	10 233.02	22.5	839.74	3 087.67
辽宁	1 738.25	8 536.4	9.14	470.91	2 775.65
吉林	1 971.56	8 695.38	21.83	657.42	2 802.28
黑龙江	1 826.4	8 161.36	14.58	725.32	2 944.14
江苏	1 558.2	8 539.6	21	705.6	3 305.1
安徽	1 736.18	8 306.71	15.04	392.33	3 488.7
福建	1 720.5	8 943.14	55.18	559.18	3 293.88
山东	1 918.33	9 423.54	13.17	317.97	2 864.88
河南	1 765.22	8 497.67	15.97	802.85	1 958.86
湖北	1 442	5 748	17	132.2	2 915.8
广东	1 405.4	8 785.39	18.3	566.68	3 114.13
海南	1 743.51	9 961.48	91.89	1 031.93	4 522.82
重庆	1 564.7	8 807.95	42.55	629.6	3 091.21
云南	1 679.27	9 463.86	10.79	249.35	3 600.31
甘肃	1 800	9 608.63	15.12	311.91	3 377.55

2013 年全国大规模蛋鸡养殖的省区有 18 个，分别是北京、天津、内蒙古、辽宁、吉林、黑龙江、江苏、福建、山东、河南、湖北、广东、海南、重庆、四川、云南、甘肃、新疆。表 5 - 15 是 18 个省区大规模蛋鸡养殖投入产出情况，其

中主产品产量最高的是吉林，最低的是广东，北京大规模蛋鸡产量排在第 11 位，处于较低水平。从投入角度来看，精饲料费用、水费、人工成本和其他费用分别排在第 14、16、11 和 9 的位置，其中与 2004 年相比，精饲料费用大幅下降。

表 5 - 15　2013 年大规模蛋鸡产出投入情况

项目	主产品产量（千克/百只）	精饲料费（元/百只）	水费（元/百只）	人工成本（元/百只）	其他费用（元/百只）
北京	1 751.38	10 965.35	8.32	809.06	3 560.71
天津	1 816.11	11 521.06	15.24	600.63	3 367.26
内蒙古	1 790	12 250	40	1 038.9	3 947
辽宁	1 771.96	11 098.75	6	1 001.16	3 100.84
吉林	1 914.28	12 405.78	22.56	1 077.26	2 214.13
黑龙江	1 880	11 117	14.28	1 512.4	3 540.9
江苏	1 900	12 495	10	1 149.7	3 225.4
福建	1 743.5	11 450	50.24	772.8	4 567.47
山东	1 880.88	12 225.44	11.63	585.31	3 772.49
河南	1 847.14	11 916.85	14.12	1 196.05	3 077.76
湖北	1 493	8 940.3	33.75	501.35	2 703.26
广东	1 476.77	11 129.68	24.72	1 011.81	4 109.36
海南	1 498.35	11 378.39	91.12	1 642.62	4 927.93
重庆	1 668.05	9 855	3.69	788	3 944.9
四川	1 688.75	10 047.5	17	669.4	3 419.05
云南	1 839.13	12 373.76	10.45	464.27	4 366.22
甘肃	1 816.29	12 620.38	32.32	1 141.42	4 231.26
新疆	1 670	9 207.63	55.25	837.5	3 393

5.4.2 *DEA* 结果分析

运用 *DEA* 方法，计算的北京 2004 年大规模蛋鸡养殖的投入产出的相对效率结果如表 5－16，总效率、纯技术效率和规模效率均小于 1，低于全国平均值，投入产出效率未达到最优。

表 5－16　2004 北京和全国平均大规模蛋鸡养殖经济效率

	总效率	纯技术效率	规模效率	规模效益
北京	0.741	0.791	0.937	递增
全国平均	0.888	0.931	0.952	

运用 *DEA* 方法，计算的 2004 年全国各省区大规模蛋鸡养殖的投入产出的纯技术效率结果如表 5－17，其中纯技术效率小于 1 的有 7 个省区，北京市纯技术效率排在倒数第 2 位；2004 年全国各省区大规模蛋鸡养殖各要素投入情况如表 5－18。

表 5－17　2004 年各地大规模蛋鸡养殖技术效率分析

项　目	纯技术效率	项　目	纯技术效率	项　目	纯技术效率
北　京	0.791	上　海	0.766	云　南	0.676
天　津	0.946	江　苏	0.817	海　南	1.000
河　北	1.000	山　东	1.000	贵　州	1.000
内蒙古	1.000	河　南	0.856	广　东	1.000
辽　宁	1.000	湖　北	1.000	福　建	1.000
吉　林	1.000	重　庆	0.843	平　均	0.952
黑龙江	1.000	四　川	1.000		

表 5 - 18   2004 年各省区大规模蛋鸡养殖各要素投入冗余情况

	投入要素冗余比例（%）			
	精饲料	水资源	劳动力	其他物质
北　京	0.00	0.00	0.00	0.00
天　津	4.30	0.00	0.00	0.00
河　北	0.00	0.00	0.00	0.00
内蒙古	0.00	0.00	0.00	0.00
辽　宁	0.00	0.00	0.00	0.00
吉　林	0.00	0.00	0.00	0.00
黑龙江	0.00	0.00	0.00	0.00
上　海	0.00	0.00	0.00	0.00
江　苏	0.00	0.00	0.00	0.00
山　东	0.00	0.00	0.00	0.00
河　南	0.00	0.00	0.00	0.00
湖　北	0.00	0.00	0.00	0.00
重　庆	0.00	11.40	0.00	19.34
四　川	0.00	0.00	0.00	0.00
云　南	0.00	0.00	0.00	8.99
海　南	0.00	0.00	0.00	0.00
贵　州	0.00	0.00	0.00	0.00
广　东	0.00	0.00	0.00	0.00
福　建	0.00	0.00	0.00	0.00

运用 *DEA* 方法，计算的 2009 年北京大规模蛋鸡养殖的投入产出的相对效率结果如表 5 - 19，北京地区大规模蛋鸡养殖的总效率和规模效率接近于 1，纯技术效率等于 1，说明北京属于投入产出效率没有达到最优，但是纯技术效率已经达到最优，所以要提高投入产出效率只需要提高规模效率。

表 5-19 2009 北京和全国平均大规模蛋鸡养殖经济效率

	总效率	纯技术效率	规模效率	规模效益
北京	0.998	1.000	0.998	递增
全国平均	0.910	0.922	0.986	

运用 *DEA* 方法，计算的 2009 年全国各省区大规模蛋鸡养殖的投入产出的纯技术效率结果如表 5-20，其中纯技术效率等于 1 的有 9 个省，北京市位列其中；2009 年全国各省区大规模蛋鸡养殖各要素投入情况如表 5-21。

表 5-20 2009 年各地大规模蛋鸡养殖技术效率分析

项　目	纯技术效率	项　目	纯技术效率	项　目	纯技术效率
北京	1.000	江苏	0.787	广东	0.824
天津	1.000	安徽	0.954	海南	0.745
山西	0.825	福建	0.830	重庆	0.799
辽宁	1.000	山东	1.000	云南	1.000
吉林	1.000	河南	1.000	甘肃	0.901
黑龙江	1.000	湖北	1.000	平均	0.922

表 5-21 2009 年各省区大规模蛋鸡养殖各要素投入冗余情况

	投入要素冗余比例（%）			
	精饲料	水资源	劳动力	其他物质
北京	0.00	0.00	0.00	0.00
天津	0.00	0.00	0.00	0.00
山西	0.00	0.00	0.00	0.00
辽宁	0.00	0.00	0.00	0.00
吉林	0.00	0.00	0.00	0.00
黑龙江	0.00	0.00	0.00	0.00
江苏	0.00	0.00	36.60	0.00

（续）

	投入要素冗余比例（%）			
	精饲料	水资源	劳动力	其他物质
安徽	0.00	0.00	0.00	14.26
福建	0.00	94.62	1.53	0.00
山东	0.00	0.00	0.00	0.00
河南	0.00	0.00	0.00	0.00
湖北	0.00	0.00	0.00	0.00
广东	0.00	0.00	7.65	0.00
海南	0.00	113.04	48.71	13.01
重庆	0.00	69.59	9.96	0.00
云南	0.00	0.00	0.00	0.00
甘肃	0.00	0.00	0.00	3.69

运用 *DEA* 方法，计算的北京 2013 大规模蛋鸡养殖的投入产出的相对效率结果如表 5 - 22，北京地区大规模蛋鸡养殖的总效率、纯技术效率和规模效率都接近于 1，且都高于全国平均值，说明北京有较高的投入产出效率。

表 5 - 22　2013 北京和全国平均大规模蛋鸡养殖经济效率

	总效率	纯技术效率	规模效率	规模效益
北京	0.984	0.985	0.999	递增
全国平均	0.944	0.957	0.985	

运用 *DEA* 方法，计算的 2013 年全国各省区大规模蛋鸡养殖的投入产出的纯技术效率结果如表 5 - 23，其中纯技术效率小于 1 的有 8 个省，北京市处在倒数第 8 位；2013 年全国各省区大规模蛋鸡养殖各要素投入情况如表 5 - 24。

表 5‑23　2013 年各地大规模蛋鸡养殖技术效率分析

项　目	纯技术效率	项　目	纯技术效率	项　目	纯技术效率
北京	0.985	江苏	1.000	海南	0.786
天津	1.000	福建	0.911	重庆	1.000
内蒙古	0.873	山东	1.000	四川	1.000
辽宁	1.000	河南	0.966	云南	1.000
吉林	1.000	湖北	1.000	甘肃	0.865
黑龙江	1.000	广东	0.839	新疆	1.000
平均	0.957				

表 5‑24　2013 年各省区大规模蛋鸡养殖各要素投入冗余情况

	投入要素冗余比例（%）			
	精饲料	水资源	劳动力	其他物质
北京	0.00	0.00	0.00	0.00
天津	0.00	0.00	0.00	0.00
内蒙古	0.00	7.31	0.00	0.00
辽宁	0.00	0.00	0.00	0.00
吉林	0.00	0.00	0.00	0.00
黑龙江	0.00	0.00	0.00	0.00
江苏	0.00	0.00	0.00	0.00
福建	0.00	39.08	0.00	20.49
山东	0.00	0.00	0.00	0.00
河南	0.00	0.00	0.00	0.00
湖北	0.00	0.00	0.00	0.00
广东	0.00	0.00	28.32	5.29
海南	0.00	69.18	90.49	30.49
重庆	0.00	0.00	0.00	0.00
四川	0.00	0.00	0.00	0.00

（续）

	投入要素冗余比例（%）			
	精饲料	水资源	劳动力	其他物质
云南	0.00	0.00	0.00	0.00
甘肃	0.00	6.95	0.00	2.04
新疆	0.00	0.00	0.00	0.00

5.4.3 结论

北京蛋鸡养殖从产出来看在全国属于中等水平，费用投入较高。从趋势来看，北京蛋鸡养殖的效率逐年提高。水资源的投入不存在冗余情况。

5.5 北京奶牛养殖水资源利用经济效率分析

5.5.1 北京大规模奶牛养殖水资源利用经济效率分析

5.5.1.1 *DEA* 变量选择和数据选择

产出：产出总量（数量单位：千克），用每百头奶牛主产品产量来表示。

投入：精饲料费用、水费、劳动力投入（每百头人工成本）、其他投入（其他投入＝每百头物质与服务费－精饲料费用－水费），这些都是每百头所用费用（单位：元）。

2004 年大规模奶牛生产有 17 个省区，分别是北京、天津、辽宁、黑龙江、上海、江苏、浙江、安徽、福建、山东、河南、湖北、广东、贵州、甘肃、青海、新疆；表 5－25 为 2004 年全国 17 个省区中奶牛大规模的投入产出情况，其中，北京的主产品产量最多，为 8 695.00 千克，产量最少的是广东，为 4 800.00 千克。在投入情况中，分别从精饲料费、水费、人工成本和其他费用这几个方面来看，北京分别排名为第2、第 12、第 6 和第 4。由此可见，2004 年北京在大规模的奶牛投入中投入较多，除了水费以外，在全国 17 个省区中都排在比较靠前的位置。

表 5 - 25   2004 年全国奶牛大规模投入产出情况表

单位：千克，元

项目	主产品产量	精饲料费	水费	人工成本	其他费用
北京	8 695.00	6 487.02	27.45	1 190.01	7 683.38
天津	7 469.20	5 113.32	278.22	431.49	8 033.93
辽宁	5 690.00	5 350.00	30.00	1 125.00	4 352
黑龙江	5 279.60	3 018.40	31.79	1 164.06	3 173.54
上海	6 556.30	5 839.59	114.77	723.08	7 989.32
江苏	6 254.30	4 978.00	122.00	1 957.89	7 102.8
浙江	6 791.50	5 717.65	105.42	1 977.41	6 123.3
安徽	6 726.70	3 171.79	11.94	881.25	4 754.38
福建	5 850.00	4 050.00	110.00	529.92	7 829
山东	6 305.20	4 570.26	17.57	525.45	7 116.37
河南	5 661.60	3 392.30	33.05	1 512.57	3 329.18
湖北	7 350.00	5 840.00	69.00	2 748.20	6 374.5
广东	4 800.00	7 416.00	60.00	1 008.00	4 439.96
贵州	5 500.00	5 060.00	66.00	1 430.00	7 825
甘肃	5 685.10	3 166.34	17.09	737.10	5 768.81
青海	5 698.00	4 754.29	7.46	941.80	4 034.33
新疆	5 841.60	3 975.71	27.14	560.90	5 437.6

2009 年大规模奶牛生产有 15 个省区，分别是北京、山西、辽宁、黑龙江、江苏、浙江、安徽、山东、河南、湖北、

广东、云南、甘肃、青海、新疆；表 5 - 26 为 2009 年全国 15
个省区中奶牛大规模的投入产出情况，其中，北京的主产品产
量排第 4 名，为 7 583.75 千克，产量最少的是云南，为
4 575.00千克。在投入情况中，分别从精饲料费、水费、人工
成本和其他费用这几个方面来看，北京分别排名为第 1、第
14、第 12 和第 3。由此可见，2004 年北京在大规模的奶牛投
入中精饲料费和其他费用投入较多，其他费用包括医疗防疫
费、死亡损失、技术服务等费用。而水费和人工成本投入
较少。

表 5 - 26　　2009 年全国奶牛大规模投入产出情况表

	主产品产量	精饲料费	水费	人工成本	其他费用
北京	7 583.75	8 914.03	9.05	904.69	9 163.04
山西	6 000	7 665	20	989.8	5 589
辽宁	5 912.95	6 615.62	82.5	1 588.41	5 423
黑龙江	5 547.53	5 853.78	15.6	1275	3 780.6
江苏	7 980	8 351.67	283	2 840	13 899.99
浙江	6 562.35	8 810.25	106.92	1 421	8 882.61
安徽	6 427.33	7 487.67	47.33	1 168.61	8 799.03
山东	6 605.5	7 886.93	16.8	847.81	8 182.39
河南	5 667.48	6 888.91	43.63	1 339.58	4 308.23
湖北	6 836.4	7 676	5.9	1 501.45	9 693.1
广东	4 950	6 910	75	1 552.5	5 305
云南	4 575	3 624	72	1 050	3 489
甘肃	8 046.9	8 308.03	45.3	623.79	8 554.59
青海	4 809	4 349.75	71.03	1 518.06	7 445.32
新疆	7 665.3	7 475.53	35	876.42	6 825.14

2013 年大规模奶牛生产有 20 个省区，分别是北京、山西、内蒙古、辽宁、黑龙江、上海、江苏、浙江、安徽、福建、山东、河南、湖北、广东、四川、贵州、云南、甘肃、青海、新疆。表 5 - 27 为 2013 年全国 20 个省区中奶牛大规模的投入产出情况，其中，北京的主产品产量排第 4 名，为 7 633.34 千克，产量最少的是贵州，为 4 825.47 千克。在投入情况中，分别从精饲料费、水费、人工成本和其他费用这几个方面来看，北京分别排名为第 7、第 20、第 16 和第 7。由此可见，2013 年北京在大规模的奶牛投入中精饲料费和其他费用投入较多，其他费用包括医疗防疫费、死亡损失、技术服务等费用。而水费和人工成本投入较少，尤其在水费方面的投入为最后 1 位。

表 5 - 27　2013 年全国奶牛大规模投入产出情况表

单位：千克，元

	主产品产量	精饲料费	水费	人工成本	其他费用
北京	7 633.34	10 600.44	6.18	1 912.72	12 761.86
山西	5 688.94	7 842.11	56.00	2 033.55	4 165.89
内蒙古	5 862.00	11 060.00	63.40	2 382.56	6 659.76
辽宁	6 214.67	9 512.87	78.24	3 159.98	8 617.83
黑龙江	6 898.67	8 499.94	24.20	2 374.69	7 976.86
上海	9 010.10	14 746.09	102.17	2 903.30	19 301.3
江苏	7 192.28	11 115.11	268.83	3 412.96	15 464.12
浙江	6 419.46	12 519.17	177.50	3 602.25	12 179.19
安徽	5 926.00	9 960.74	17.63	2 233.80	15 172.38
福建	6 963.95	10 717.00	49.00	1 628.50	12 987.91
山东	6 894.20	9 460.77	22.00	1 662.90	13 948.26

（续）

	主产品产量	精饲料费	水费	人工成本	其他费用
河南	5 796.07	8 822.46	51.78	2 677.81	5 718.93
湖北	6 635.00	10 200.00	29.00	927.97	12 661.95
广东	5 105.00	11 466.50	90.50	4 600.00	7 702.7
四川	6 185.00	8 584.50	42.00	3 281.00	5 434.2
贵州	4 825.47	8 888.09	27.67	2 269.28	9 749.87
云南	4 892.00	8 604.00	120.00	1 920.00	6 253
甘肃	7 726.31	9 525.41	73.41	1 134.41	12 570.87
青海	5 354.00	8 898.52	40.65	2 565.60	14 808.24
新疆	7 862.08	9 040.40	93.18	2 382.52	10 256.58

5.5.1.2　*DEA* 结果分析

运用 DEA 方法，计算的 2004 年北京大规模奶牛养殖的投入产出的相对效率结果如表 5-28，北京地区大规模奶牛养殖的总效率和规模效率接近于 1，纯技术效率等于 1，并且北京纯技术效率大于全国平均水平，规模效率小于全国平均水平。说明北京属于投入产出效率没有达到最优，但是纯技术效率已经达到最优。

表 5-28　2004 年北京大规模奶牛养殖的投入产出的相对效率

	总效率	纯技术效率	规模效率
北京	0.878	1.000	0.878
全国平均	0.862	0.914	0.939

表 5-29 为全国各省区大规模奶牛投入产出的纯技术效率结果。在全国 17 个省区中，纯技术效率为 1 的省区有 10 个，北京位列其中。全国平均纯技术效率为 0.914，北京的纯技术

效率高于全国平均值，已达到最优。

表5-29　2004年大规模奶牛投入产出的纯技术效率

项目	纯技术效率	项目	纯技术效率	项目	纯技术效率
北京	1.000	浙江	0.792	广东	0.917
天津	1.000	安徽	1.000	贵州	0.618
辽宁	0.888	福建	1.000	甘肃	1.000
黑龙江	1.000	山东	1.000	青海	1.000
上海	0.799	河南	1.000	新疆	1.000
江苏	0.627	湖北	0.891		

　　表5-30为2004年全国各省区大规模奶牛养殖投入要素冗余情况的汇总表，投入要素冗余比例（％）＝冗余量/（实际投入量－冗余量）。在投入冗余的分析中，四种投入要素：精饲料与劳动力投入、水资源、其他物质投入均出现了投入过度的情况。但四种投入冗余的情况并不相同。其他物质投入是四种投入中冗余最小的一项，在所有17个省区中只有江苏的其他物质有投入过剩的情况，其投入冗余量为3.13％。在精饲料投入这一项中，冗余比例最大的是广东，高达84.83％，在水资源投入这一项中，辽宁、江苏、浙江、湖北、广东、贵州六个省区存在投入过剩的情况，冗余比例最大的浙江高达206.83％，湖北达到了183.39％，在这四项投入中占最大比例。通过以上的分析，可以得出这样的结论，目前大规模奶牛生产中，精饲料、水资源投入、劳动力投入和其他物质投入过剩。

　　值得肯定的是，在大规模奶牛生产中，北京平均的技术效率为1，在各项投入中没有冗余。不存在冗余也就意味着其技术效率在可变规模报酬的计算模型中达到了 1。

表 5 - 30 2004 年大规模奶牛养殖投入要素冗余比例

	精饲料投入	水资源投入	劳动力投入	其他物质投入
北京	0.00	0.00	0.00	0.00
天津	0.00	0.00	0.00	0.00
辽宁	14.32	63.84	0.00	0.00
黑龙江	0.00	0.00	0.00	0.00
上海	7.36	0.00	0.00	0.00
江苏	0.00	90.88	14.92	3.13
浙江	27.94	206.83	51.83	0.00
安徽	0.00	0.00	0.00	0.00
福建	0.00	0.00	0.00	0.00
山东	0.00	0.00	0.00	0.00
河南	0.00	0.00	0.00	0.00
湖北	20.26	183.39	115.10	0.00
广东	84.83	71.87	0.00	0.00
贵州	0.00	47.29	0.00	0.00
甘肃	0.00	0.00	0.00	0.00
青海	0.00	0.00	0.00	0.00
新疆	0.00	0.00	0.00	0.00

运用 *DEA* 方法，计算的 2009 年各地区大规模奶牛养殖的投入产出的相对效率结果如表 5 - 31，2009 年北京地区大规模奶牛养殖的总效率、纯技术效率与规模效率都等于 1，并且高于全国平均水平。

表 5 - 31　2009 年北京大规模奶牛养殖的投入产出的相对效率

	总效率	纯技术效率	规模效率
北京	1.000	1.000	1.000
全国平均	0.898	0.928	0.968

表 5 - 32 为全国各省区大规模奶牛投入产出的纯技术效率结果。在全国 15 个省区中，纯技术效率为 1 的省区有 8 个，北京位列其中。全国平均纯技术效率为 0.928，北京的纯技术效率高于全国平均值，已达到最优。

表 5 - 32　2009 年大规模奶牛投入产出的纯技术效率

项目	纯技术效率	项目	纯技术效率	项目	纯技术效率
北京	1.000	浙江	0.692	广东	0.709
山西	1.000	安徽	0.838	云南	1.000
辽宁	0.857	山东	1.000	甘肃	1.000
黑龙江	1.000	河南	0.926	青海	0.920
江苏	0.977	湖北	1.000	新疆	1.000

表 5 - 33 为 2009 年全国各省区大规模奶牛养殖投入要素冗余情况的汇总表，在投入冗余的分析中，四种投入要素：精饲料与劳动力投入、水资源、其他物质投入均出现了投入过度的情况。但四种投入冗余的情况并不相同。在所有 15 个省区中只有湖北和云南的精饲料有投入过剩的情况，其投入冗余量分别为 7.42% 和 5.17%。在水资源这一项中，江苏、辽宁、浙江、河南存在投入过剩的情况，冗余比例最大的是江苏，高达 466.92%，其次为河南，冗余比例为 98.58%，在劳动力投入这一项中，辽宁、江苏、浙江、青海四个省区存在投入过剩的情况，冗余比例最大的江苏高达 287.69%，在其他物质投

入中冗余最大比例的是新疆，达到 74.34％。通过以上的分析，可以得出这样的结论，目前大规模奶牛生产中，精饲料、水资源投入、劳动力投入和其他物质投入过剩。

值得肯定的是，在大规模奶牛生产中，北京平均的技术效率为 1，在各项投入中没有冗余。不存在冗余也就意味着其技术效率在可变规模报酬的计算模型中达到了 1。

表 5 - 33　2009 年大规模奶牛养殖投入要素冗余比例

	精饲料投入	水资源投入	劳动力投入	其他物质投入
北京	0.00	0.00	0.00	0.00
山西	0.00	0.00	0.00	0.00
辽宁	0.00	61.76	21.63	0.00
黑龙江	0.00	0.00	0.00	0.00
江苏	0.00	466.92	287.69	62.25
浙江	0.00	31.86	3.32	6.17
安徽	0.00	0.00	0.00	24.50
山东	0.00	0.00	0.00	0.00
河南	0.00	98.58	0.00	0.00
湖北	7.42	0.00	0.00	0.00
广东	0.00	0.00	0.00	0.00
云南	5.17	0.00	0.00	0.00
甘肃	0.00	0.00	0.00	0.00
青海	0.00	0.00	28.44	0.00
新疆	0.00	0.00	0.00	74.34

运用 *DEA* 方法，计算的 2013 年北京大规模奶牛养殖的投入产出的相对效率结果如表 5 - 34，可以看到 2013 年北京地区大规模奶牛养殖的总效率、纯技术效率和规模效率均为 1，

说明规模效益不变，投入产出达到最优。

表 5 - 34   2013 年北京大规模奶牛养殖的投入产出的相对效率

	总效率	纯技术效率	规模效率
北京	1.000	1.000	1.000
全国平均	0.848	0.918	0.922

表 5 - 35 为全国各省区大规模奶牛投入产出的纯技术效率结果。在全国 20 个省市中，纯技术效率为 1 的省区有 9 个，北京位列其中。全国平均纯技术效率为 0.918，北京的纯技术效率高于全国平均值，已达到最优。

表 5 - 35   2013 年大规模奶牛投入产出的纯技术效率

项目	纯技术效率	项目	纯技术效率	项目	纯技术效率
北京	1.000	浙江	0.658	四川	1.000
山西	1.000	安徽	0.948	贵州	0.970
内蒙古	0.806	福建	0.878	云南	0.956
辽宁	0.854	山东	1.000	甘肃	1.000
黑龙江	1.000	河南	0.911	青海	0.924
上海	1.000	湖北	1.000	新疆	1.000
江苏	0.780	广东	0.684		

表 5 - 36 为 2013 年全国各省区大规模奶牛养殖投入要素冗余情况的汇总表，在投入冗余的分析中，四种投入要素：精饲料与劳动力投入、水资源、其他物质投入均出现了投入过度的情况。但四种投入冗余的情况并不相同。在所有 20 个省区中只有内蒙古的精饲料有投入过剩的情况，其投入冗余量为 7.42%。在水资源这一项中，江苏、辽宁、浙江、广东和云南存在投入过剩的情况，冗余比例最大的是江苏，高达

157.282%，其次为云南，冗余比例为 87.82%。在劳动力投入这一项中，辽宁、江苏、浙江、河南、广东和青海 6 个省区存在投入过剩的情况，冗余比例最大的广东为 31.9%。在其他物质投入中占最大比例的是青海，达到 97.48%。通过以上的分析，可以得出这样的结论，目前大规模奶牛生产中，精饲料、水资源投入、劳动力投入和其他物质投入过剩。

值得肯定的是，在大规模奶牛生产中，北京平均的技术效率为 1，在各项投入中没有冗余。不存在冗余也就意味着其技术效率在可变规模报酬的计算模型中达到了 1。

表 5 - 36　2013 年大规模奶牛养殖投入要素冗余比例

	精饲料投入	水资源投入	劳动力投入	其他物质投入
北京	0.000	0.000	0.000	0.000
山西	0.000	0.000	0.000	0.000
内蒙古	7.42	0.000	0.000	0.000
辽宁	0.000	46.05	19.61	21.78
黑龙江	0.000	0.000	0.000	0.000
上海	0.000	0.000	0.000	0.000
江苏	0.000	157.28	9.06	28.00
浙江	0.000	82.09	3.78	14.57
安徽	0.000	0.000	0.000	34.39
福建	0.000	0.000	0.000	0.000
山东	0.000	0.000	0.000	0.000
河南	0.000	0.000	11.60	0.000
湖北	0.000	0.000	0.000	0.000
广东	0.000	6.97	31.90	16.70
四川	0.000	0.000	0.000	0.000

（续）

	精饲料投入	水资源投入	劳动力投入	其他物质投入
贵州	0.000	0.000	0.000	7.52
云南	0.000	87.82	0.000	0.000
甘肃	0.000	0.000	0.000	0.000
青海	0.000	0.000	5.76	97.48
新疆	0.000	0.000	0.000	0.000

5.5.1.3 结论

北京大规模奶牛养殖一直以来技术效率都达到1，各项投入品，包括水资源投入没有出现冗余情况，也就是说水资源的利用是有效率的。

5.5.2 北京中规模奶牛养殖水资源利用经济效率分析

5.5.2.1 *DEA* 变量选择和数据选择

产出：产出总量（数量单位：千克），用每百头奶牛主产品产量来表示。

投入：精饲料费用、水费、劳动力投入（每百头人工成本）、其他投入（其他投入＝每百头物质与服务费－精饲料费用－水费），这些都是每百头所用费用（单位：元）。

2005 年大规模奶牛生产有 18 个省区，分别是：北京、天津、内蒙古、吉林、黑龙江、上海、浙江、安徽、福建、河南、湖南、广西、海南、重庆、陕西、甘肃、宁夏、新疆。表 5-37 为 2005 年全国 18 个省区中奶牛中规模的投入产出情况，其中，北京的主产品产量排第 16 名，为 4 712.00 千克，主产品产量较低。产量最少的是广西，为 3 870.60 千克。在投入情况中，分别从精饲料费、水费、人工成本和其他费用这几个方面来看，北京排名分别为第 16、第 14、第 8 和第 16。由此可见，2005 年北京在中规模的奶牛投入中除了人工成本排在中等以外，精饲料费、水费和其他费用都投入较少。

表 5 - 37　2005 年全国奶牛中规模投入产出情况表

单位：千克，元

	主产品产量	精饲料费	水费	人工成本	其他费用
北京	4 712.00	3 025.29	27.18	1 028.12	2 446.95
天津	5 237.50	4 617.92	29.50	917.67	3 484.19
内蒙古	5 177.40	4 772.75	12.00	625.00	1 786.51
吉林	5 501.90	5 342.70	109.55	627.37	3 341.68
黑龙江	5 556.20	3 233.91	31.96	921.64	3 185.05
上海	7 350.80	6 225.82	131.92	1 550.55	7 826.22
浙江	6 000.00	6 309.00	108.00	1 225.00	3 728.06
安徽	5 440.30	5 710.90	9.74	896.04	4 478.15
福建	6 033.50	4 516.00	138.45	1 624.24	4 662.34
河南	4 839.00	3 343.06	35.95	1 129.38	3 158.46
湖南	6 450.00	7 100.00	3.00	1 280.00	5 331
广西	3 870.60	2 760.89	64	715.32	5 153.43
海南	4 695.70	4 605.72	100.19	1 867.20	7 184.5
重庆	5 325.00	3 620.00	45.31	1 560.82	4 560.06
陕西	7 951.50	4 939.26	28.50	418.50	7 511.8
甘肃	5 195.10	3 366.03	49.74	715.15	5 000.16
宁夏	5 151.10	5 434.11	21.28	776.84	1 679.26
新疆	5 907.40	2 427.90	39.26	743.88	4 049.06

2008 年中规模奶牛生产有 20 个省区，分别是：北京、天津、山西、内蒙古、辽宁、吉林、黑龙江、上海、安徽、福

建、河南、湖南、广西、重庆、四川、云南、陕西、甘肃、宁夏、新疆。表 5 - 38 为 2008 年全国 20 个省区中奶牛中规模的投入产出情况，其中，北京的主产品产量排第 3 名，为 6 810.8 千克，主产品产量较高。产量最少的是云南，为 3 550 千克。在投入情况中，分别从精饲料费、水费、人工成本和其他费用这几个方面来看，北京排名分别为第 4、第 12、第 9 和第 3。由此可见，2008 年北京在中规模的奶牛投入中除了水费排在中等以外，精饲料费、人工成本和其他费用都投入较多。

表 5 - 38   2008 年全国奶牛中规模投入产出情况表

单位：千克，元

	主产品产量	精饲料费	水费	人工成本	其他费用
北京	6 810.8	6 798.31	30.01	1 299.86	6 377.04
天津	6 075.3	9 722.64	44.49	809.5	5 376.96
山西	5 399.4	6 200.36	20.47	962.15	2 607.74
内蒙古	5 662.5	5 831.79	13.75	2 412.5	2 770.03
辽宁	6 010.3	6 407.66	43.75	1 151.62	4 214.63
吉林	5 693.8	6 198.5	60.5	853.19	3 533.97
黑龙江	5 191.5	5 346.82	27.26	1 472.94	3 795.19
上海	7 244.6	9 562.12	98.37	2 292.63	11 988.52
安徽	5 216.9	6 297.35	5.67	817.27	5 848.48
福建	5 192	5 365.1	151.8	2 330.78	5 011.52
河南	5 161	5 607.94	57.54	1 418.74	3 677.36
湖南	4 645	7 620.9	22.49	774.25	2 698.53
广西	4 505	4 621.84	96.81	817.2	6 090.18
重庆	5 185	4 865	145	3 074	3 916.57
四川	6 400	4 600	8	457.08	6 056

（续）

	主产品产量	精饲料费	水费	人工成本	其他费用
云南	3 550	3 597.5	13.27	382.5	1 681.2
陕西	7 017.5	7 049.57	30.25	2 131.27	6 639.37
甘肃	5 193.9	4 576.1	54.12	909.89	5 757.1
宁夏	5 461.6	5 738.7	28.29	1 333	4 194.08
新疆	5 500	2 980.2	78.3	1 198.79	4 197.5

2011 年大规模奶牛生产有 19 个省区，分别是：北京、天津、山西、内蒙古、辽宁、吉林、黑龙江、上海、江苏、安徽、福建、河南、湖南、重庆、四川、贵州、陕西、甘肃、宁夏。表 5 - 39 为 2011 年全国 19 个省区中奶牛中规模的投入产出情况，其中，北京的主产品产量排第 6 名，为 5 664 千克，主产品产量较高。产量最少的是重庆，为 4 575.15 千克。在投入情况中，分别从精饲料费、水费、人工成本和其他费用这几个方面来看，北京排名分别为第 8、第 18、第 17 和第 2。由此可见，2011 年北京在中规模的奶牛投入中精饲料费和其他费用投入较多，尤其是其他费用仅次于上海。在水费和人工成本中投入较少。

表 5 - 39 　2011 年全国奶牛中规模投入产出情况表

	主产品产量	精饲料费	水费	人工成本	其他费用
北京	5 664	7 735.33	10	1 336.8	8 272.27
天津	6 726.82	9 945.73	48.07	1 107.44	5 394.43
山西	5 512.11	7 192.34	30.52	1 503.28	3 759.61
内蒙古	5 455	7 038.17	15.27	2 169.67	2 723.47
辽宁	6 081.93	8 499.17	58.84	2 196.68	5 796.8

(续)

	主产品产量	精饲料费	水费	人工成本	其他费用
吉林	5 625	7 375	82.75	1 544	4 357.97
黑龙江	5 115.82	6 092.14	19.67	1 694.67	4 747.63
上海	7 541.26	10 182.76	195.86	3 332.57	15 079.18
江苏	4 986	7 157.25	24.42	1 689.12	7 506.95
安徽	5 601.17	9 156.2	9.56	1 528.5	6 987.46
福建	4 840.25	6 513.45	159.21	5 181	5 487.25
河南	5 165.93	7 124.02	56.07	2 217.98	4 314.26
湖南	5 428	5 977.6	32.23	1 379.4	4 160.4
重庆	4 575.15	6 155.59	48.59	3 897.5	5 435.81
四川	6 078	7 952.96	45	2 537.75	6 483.8
贵州	5 345	8 380.4	18	2 400	4 943
陕西	6 135	9 252.68	69	2 616	5 219.15
甘肃	4 745	6 214.72	89.64	1 183.25	7 959.34
宁夏	5 559.64	7 901.74	35.56	1 923.62	4 967.33

5.5.2.2 DEA 结果分析

运用 DEA 方法，计算的 2005 年北京中规模奶牛养殖的投入产出的相对效率结果如表 5 - 40，可以看到 2005 年北京地区中规模奶牛养殖的总效率、纯技术效率和规模效率均为 1，且高于全国平均值，说明规模效益不变，投入产出达到最优。

表 5 - 40　2005 年北京和全国平均中规模奶牛养殖经济效率

	总效率	纯技术效率	规模效率
北京	1.000	1.000	1.000
全国平均	0.834	0.906	0.916

表 5 - 41 为全国各省区中规模奶牛投入产出的纯技术效率

结果。在全国 18 个省区中，纯技术效率为 1 的省区有 6 个，北京位列其中。全国平均纯技术效率为 0.906，北京的纯技术效率高于全国平均值，已达到最优。

表 5 - 41　2005 年中规模奶牛投入产出的纯技术效率

项目	纯技术效率	项目	纯技术效率	项目	纯技术效率
北京	1.000	浙江	0.925	海南	0.541
天津	0.800	安徽	0.957	重庆	0.746
内蒙古	1.000	福建	0.834	陕西	1.000
吉林	0.922	河南	0.871	甘肃	0.930
黑龙江	0.997	湖南	1.000	宁夏	1.000
上海	0.801	广西	0.986	新疆	1.000

表 5 - 42 为 2005 年全国各省区中规模奶牛养殖投入要素冗余情况的汇总表，在投入冗余的分析中，四种投入要素：精饲料与劳动力投入、水资源、其他物质投入均出现了投入过度的情况。但四种投入冗余的情况并不相同。在所有 18 个省区中只有吉林的精饲料有投入过剩的情况，其投入冗余量为 2.19%。在水资源这一项中，吉林、黑龙江、上海、浙江、福建、河南、广西、海南和甘肃都存在投入过剩的情况，冗余比例最大的是吉林，高达 350.97%，其次为浙江，冗余比例为 241.75%。在劳动力投入这一项中，黑龙江、上海、浙江、安徽、福建、河南、海南、重庆存在投入过剩的情况，冗余比例最大的上海为 96.09%，在其他物质投入中占最大比例的是安徽，达到 47.6%。通过以上的分析，可以得出这样的结论，目前大规模奶牛生产中，精饲料、水资源投入、劳动力投入和其他物质投入过剩。

值得肯定的是，在大规模奶牛生产中，北京平均的技术效率为1，在各项投入中没有冗余。不存在冗余也就意味着其技术效率在可变规模报酬的计算模型中达到了1。

表5-42 2005中规模奶牛养殖投入要素冗余比例

	精饲料投入	水资源投入	劳动力投入	其他物质投入
北京	0.000	0.000	0.000	0.000
天津	0.000	0.000	0.000	4.29
内蒙古	0.000	0.000	0.000	0.000
吉林	2.19	350.97	0.000	0.000
黑龙江	0.000	8.08	24.81	0.000
上海	0.000	151.81	96.09	0.000
浙江	9.55	241.75	61.09	0.000
安徽	0.000	0.000	4.38	47.60
福建	0.000	175.62	78.94	0.000
河南	0.000	5.39	0.85	0.000
湖南	0.000	0.000	0.000	0.000
广西	0.000	64.68	0.000	13.85
海南	0.000	19.21	14.47	0.000
重庆	0.000	0.000	22.90	1.73
陕西	0.000	0.000	0.000	0.000
甘肃	0.000	28.95	0.000	0.000
宁夏	0.000	0.000	0.000	0.000
新疆	0.000	0.000	0.000	0.000

运用DEA方法，计算的2008年北京中规模奶牛养殖的投入产出的相对效率结果如表5-43，可以看到2008年北京地区中规模奶牛养殖的纯技术效率等于1，且高于全国平均值。

表 5-43 2008 年北京和全国平均中规模奶牛养殖经济效率

	总效率	纯技术效率	规模效率
北京	0.807	1.000	0.807
全国平均	0.835	0.920	0.911

表 5-44 为全国各省区大规模奶牛投入产出的纯技术效率结果。在全国 20 个省区中，纯技术效率为 1 的省区有 11 个，北京位列其中。全国平均纯技术效率为 0.920，北京的纯技术效率高于全国平均值，已达到最优。

表 5-44 2008 年全国各省区中规模奶牛投入产出的纯技术效率

项目	纯技术效率	项目	纯技术效率	项目	纯技术效率
北京	1.000	上海	1.000	四川	1.000
天津	0.894	安徽	1.000	云南	1.000
山西	1.000	福建	0.689	陕西	1.000
内蒙古	1.000	河南	0.821	甘肃	0.800
辽宁	1.000	湖南	0.883	宁夏	0.852
吉林	1.000	广西	0.769	新疆	1.000
黑龙江	0.860	重庆	0.830		

表 5-45 为 2008 年全国各省区中规模奶牛养殖投入要素冗余情况的汇总表，在投入冗余的分析中，四种投入要素：精饲料与劳动力投入、水资源、其他物质投入均出现了投入过度的情况。但四种要素投入冗余的情况并不相同。在所有 20 个省区中天津和湖南的精饲料有投入过剩的情况，其投入冗余量分别为 47.03% 和 29.67%。在水资源这一项中，天津、福建、河南、湖南、广西、重庆、甘肃都存在投入过剩的情况，冗余比例最大的是甘肃，高达 123.40%，其次为重

庆，冗余比例为 109.07％，在劳动力投入这一项中，福建和重庆存在投入过剩的情况，冗余比例最大的福建为 143.09％，在其他物质投入中占最大比例的是广西，达到 38.01％。通过以上的分析，可以得出这样的结论，目前大规模奶牛生产中，精饲料、水资源投入、劳动力投入和其他物质投入过剩。

值得肯定的是，在大规模奶牛生产中，北京平均的技术效率为 1，在各项投入中没有冗余。不存在冗余也就意味着其技术效率在可变规模报酬的计算模型中达到了 1。

表 5－45　2008 年全国各省区投入要素冗余比例

	精饲料投入	水资源投入	劳动力投入	其他物质投入
北京	0.000	0.000	0.000	0.000
天津	47.03	8.53	0.000	0.000
山西	0.000	0.000	0.000	0.000
内蒙古	0.000	0.000	0.000	0.000
辽宁	0.000	0.000	0.000	0.000
吉林	0.000	0.000	0.000	0.000
黑龙江	0.000	0.000	0.000	0.000
上海	0.000	0.000	0.000	0.000
安徽	0.000	0.000	0.000	0.000
福建	0.000	51.21	143.09	0.000
河南	0.000	19.13	0.000	0.000
湖南	29.67	16.37	0.000	0.000
广西	0.000	80.38	0.000	38.01
重庆	0.000	109.07	56.23	0.000
四川	0.000	0.000	0.000	0.000

（续）

	精饲料投入	水资源投入	劳动力投入	其他物质投入
云南	0.000	0.000	0.000	0.000
陕西	0.000	0.000	0.000	0.000
甘肃	0.000	123.40	0.000	11.41
宁夏	0.000	0.000	0.000	0.000
新疆	0.000	0.000	0.000	0.000

运用 *DEA* 方法，计算的 2011 年北京中规模奶牛养殖的投入产出的相对效率结果如表 5－46，可以看到 2011 年北京地区中规模奶牛养殖的总效率、纯技术效率和规模效率均为 1，且高于全国平均值，说明投入产出达到最优。

表 5－46　2011 年北京和全国平均中规模奶牛养殖经济效率

	总效率	纯技术效率	规模效率
北京	1.000	1.000	1.000
全国平均	0.896	0.951	0.942

表 5－47 为全国各省区大规模奶牛投入产出的纯技术效率结果。在全国 19 个省区中，纯技术效率为 1 的省区有 9 个，北京位列其中。全国平均纯技术效率为 0.951，北京的纯技术效率高于全国平均值，已达到最优。

表 5－47　2011 年全国各省区中规模奶牛投入产出的纯技术效率

项目	纯技术效率	项目	纯技术效率	项目	纯技术效率
北京	1.000	上海	1.000	四川	0.992
天津	1.000	江苏	0.895	贵州	0.836
山西	1.000	安徽	1.000	陕西	0.892

（续）

项目	纯技术效率	项目	纯技术效率	项目	纯技术效率
内蒙古	1.000	福建	0.918	甘肃	1.000
辽宁	0.922	河南	0.878	宁夏	0.835
吉林	0.938	湖南	1.000		
黑龙江	1.000	重庆	0.971		

表 5-48 为 2011 年全国各省区中规模奶牛养殖投入要素冗余情况的汇总表，在投入冗余的分析中，四种投入要素：精饲料与劳动力投入、水资源、其他物质投入中除了精饲料投入以外，其他三项投入要素都出现了投入过度的情况。但投入冗余的情况并不相同。在所有 17 个省区水资源这一项中，辽宁、吉林、福建、河南、重庆、陕西都存在投入过剩的情况，冗余比例最大的是福建，高达 251.24%，其次为吉林，冗余比例为 120.93%。在劳动力投入这一项中，辽宁、福建、河南、重庆、四川、贵州、陕西存在投入过剩的情况，冗余比例最大的重庆为 161.21%。在其他物质投入中占最大比例的是重庆，达到 25.90%。通过以上的分析，可以得出这样的结论，目前大规模奶牛生产中，水资源投入、劳动力投入和其他物质投入过剩。

值得肯定的是，在大规模奶牛生产中，北京平均的技术效率为 1，在各项投入中没有冗余。不存在冗余也就意味着其技术效率在可变规模报酬的计算模型中达到了 1。

表 5-48　2011 年全国各省区投入要素冗余比例

	精饲料投入	水资源投入	劳动力投入	其他物质投入
北京	0.000	0.000	0.000	0.000
天津	0.000	0.000	0.000	0.000

（续）

	精饲料投入	水资源投入	劳动力投入	其他物质投入
山西	0.000	0.000	0.000	0.000
内蒙古	0.000	0.000	0.000	0.000
辽宁	0.000	9.99	40.33	0.000
吉林	0.000	120.93	0.000	0.000
黑龙江	0.000	0.000	0.000	0.000
上海	0.000	0.000	0.000	0.000
江苏	0.000	0.000	0.000	25.40
安徽	0.000	0.000	0.000	0.000
福建	0.000	251.24	186.94	25.46
河南	0.000	61.70	19.51	0.000
湖南	0.000	0.000	0.000	0.000
重庆	0.000	44.46	161.21	25.90
四川	0.000	0.000	89.20	26.66
贵州	0.000	0.000	3.34	0.000
陕西	0.000	49.30	62.58	0.000
甘肃	0.000	0.000	0.000	0.000
宁夏	0.000	0.000	5.79	0.000

5.5.2.3 结论

北京大规模奶牛养殖一直以来技术效率都达到 1，各项投入品，包括水资源投入没有出现冗余情况，也就是说水资源的利用有效率。

5.6 北京生猪养殖水资源利用经济效率分析

在北京，生猪养殖主要是中规模和大规模，所以本书从

《全国农产品成本收益汇编》中选取 2004 年、2009 年和 2013
年的数据对这两种规模分别做研究。

5.6.1 北京中规模生猪养殖水资源利用经济效率分析

5.6.1.1 DEA 变量选择和数据选择

产出：产出总量（数量单位：千克），用每头生猪主产品
产量来表示。

投入：精饲料费用、水费、劳动力投入（每头人工成本）、
其他投入（其他投入＝每头物质与服务费－精饲料费用－水
费），即每头生猪所用费用（单位：元）。

2004 年全国中规模生猪养殖的省区有 26 个，分别是北京、
天津、河北、山西、内蒙古、辽宁、吉林、黑龙江、江苏、浙
江、安徽、山东、河南、湖北、湖南、广东、广西、海南、四
川、贵州、云南、陕西、甘肃、宁夏、青海、新疆；表 5 - 49 是
2004 年 26 个省区中规模生猪养殖产出和投入的情况，其中产出
最多的是贵州，最少的是四川。而北京排在第 23，产量较低。
而从同期精饲料费用、水费、人工成本和其他费用的投入来看，
北京分别排在第 13、25、19 和 1 的位置，说明北京精饲料的投
入费用在全国中等水平，水费投入较低，仅高于湖南，同样人
工成本的投入相对偏低，然而其他费用却远高于其他省区，其
中包括医疗防疫费、死亡损失、技术服务等费用。

表 5 - 49 2004 年全国中规模生猪产出投入情况

项目	主产品产量 （千克/头）	精饲料费 （元/头）	水费 （元/头）	人工成本 （元/头）	其他费用 （元/头）
北京	94.6	417.72	0.84	38.16	374.56
天津	103.2	412.06	2.14	35	285.94

（续）

项目	主产品产量 （千克/头）	精饲料费 （元/头）	水费 （元/头）	人工成本 （元/头）	其他费用 （元/头）
河北	101.2	395.11	1.18	51.4	273.31
山西	99	431.48	1.35	46.41	244.4
内蒙古	105.3	481.57	2.72	29.25	262.85
辽宁	104	435	1.85	56.08	257.84
吉林	114.2	453.11	1.2	48.12	335.84
黑龙江	99.1	345.91	2.36	78.56	236.15
江苏	93.2	355.99	1.41	25.78	305.62
浙江	117	517.66	1.75	34.7	344.25
安徽	105	442.96	1.33	69.45	278.35
山东	106.3	389.01	1.24	44.54	336.69
河南	96.2	416.3	1.77	51.72	253.86
湖北	102.6	509.72	1.98	49.51	312.27
湖南	111.5	584.91	0.26	17.4	244.26
广东	100.5	482.55	1.93	42.43	343.35
广西	95	448.21	1.79	54.6	280.3
海南	103.7	414.98	1.92	46.88	300.94
四川	92.8	286.96	6.6	155.42	322.69
贵州	120	464	6	155.55	289.5
云南	118.5	396.92	3.25	56.66	336.83
陕西	102.4	326.52	3.62	38.01	205.34
甘肃	96.7	399.62	9.36	68.36	275.4
青海	93.5	335.49	1.56	68.03	243.35
宁夏	95.2	364.93	0.99	47.08	257.03
新疆	97.3	444.63	1.73	25.02	151.95

2009 年全国中规模生猪养殖的省区有 29 个，分别是北

京、天津、河北、山西、内蒙古、辽宁、吉林、黑龙江、江
苏、浙江、安徽、福建、江西、山东、河南、湖北、湖南、广
东、广西、海南、重庆、四川、贵州、云南、陕西、甘肃、宁
夏、青海、新疆。表 5‐50 是这 29 个省区中规模生猪养殖投
入产出情况，其中主产品产量最高的是内蒙古，最低的是青
海。北京市中规模生猪产量排在第 19 位，从 2004 年到 2009
年其产量依旧处于中下游地区。而从投入角度来看，精饲料费
用、水费、人工成本和其他费用分别排在第 12、7、22 和 2 的
位置。与 2004 年相比，中规模生猪养殖水费明显增加，而其
他费用仍然高于大部分省市，仅次于福建。

表 5‐50　　2009 年全国中规模生猪产出投入情况

项目	主产品产量 （千克/头）	精饲料费 （元/头）	水费 （元/头）	人工成本 （元/头）	其他费用 （元/头）
北京	108	701.87	2.39	51.52	474.3
天津	112.8	646.6	2.21	54.16	378.73
河北	102.77	581.05	1.14	40.42	338.8
山西	107.2	649.9	2.88	112.44	317.05
内蒙古	137.01	920.8	3.41	78.41	348.83
辽宁	110.82	696.75	2.38	74.08	314.9
吉林	119.58	740.16	1.65	96.05	366.22
黑龙江	104.99	601.37	1.94	111.79	333.35
江苏	102.53	555.81	1.36	49.72	379.91
浙江	123.02	818.33	1.66	46.19	461.08
安徽	112.42	729.33	1.05	64.8	339.34
福建	106.87	589.13	2.1	39.03	514.9
江西	121.96	821.91	1.35	51.28	415.9
山东	110.84	614.12	1.7	53.84	395.58

（续）

项目	主产品产量 （千克/头）	精饲料费 （元/头）	水费 （元/头）	人工成本 （元/头）	其他费用 （元/头）
河南	106.69	630.55	2.23	92.83	347.34
湖北	116.94	751.49	2.03	69.34	354.51
湖南	118.94	835.1	0.76	60.28	338.12
广东	111.45	711.35	0.91	55.89	465.33
广西	112.04	706.76	3.3	77.47	431.54
海南	104.71	598.72	2.12	85.96	297.66
重庆	122.28	601.78	0.6	93.26	468.1
四川	113.88	550.87	2.15	86.5	463.84
贵州	121.46	591.13	4.29	128.63	378.91
云南	117.95	721.69	2.02	42.94	421.55
陕西	108.62	608.35	3.52	97.66	303.18
甘肃	103.06	729.71	2.12	64.73	302.76
青海	99.9	597.19	1.47	41.34	439.38
宁夏	111.1	688.96	0.87	68.32	353.31
新疆	104.17	585.48	3.19	98.23	273.18

　　2013 年全国中规模生猪养殖的省区有 29 个，分别是北京、天津、河北、山西、内蒙古、辽宁、吉林、黑龙江、江苏、浙江、安徽、福建、江西、山东、河南、湖北、湖南、广东、广西、海南、重庆、四川、贵州、云南、陕西、甘肃、宁夏、青海、新疆。表 5 - 51 是 29 个省区中规模生猪养殖投入产出情况，其中主产品产量最高的是内蒙古，最低的是江苏，与 2004 年相同。北京市中规模生猪产量排名与 2009 年一样，排在第 19 位，仍然处于较低水平。从投入角度来看，精饲料费、水费、人工成本和其他费用分别排在第 15、29、28 和 1 的位置。与 2009 年相比，中规模生猪养殖中水资源过度投

入的情况已经得到解决，水费投入已达到全国最低。然而北京市中规模生猪养殖的其他费用仍然居高不下，已达到全国最高。

表5‑51 2013年全国各省市中规模生猪投入产出情况

项目	主产品产量（千克/头）	精饲料费（元/头）	水费（元/头）	人工成本（元/头）	其他费用（元/头）
北京	112.96	936.84	0.13	68.17	663.58
天津	109.96	801.45	3.8	95.36	552.88
河北	105.71	763.72	0.36	123.29	461.94
山西	116.15	968.54	3.9	155.2	437.89
内蒙古	138.35	1 200.95	3.99	214.08	564.49
辽宁	116.37	1 009.23	2.08	203.67	450.02
吉林	125.35	1 003.9	2.18	248.11	470.35
黑龙江	108.67	822.42	3.21	237.45	466.97
江苏	101.99	731.28	2.14	94.85	500.78
浙江	125.15	1 061.22	3.13	100.24	613.19
安徽	113.95	1 049.87	1.15	101.41	449.68
福建	115.25	1 112.3	9.3	52.75	398.67
江西	128.81	1 135.08	1.25	91.42	530.98
山东	114.58	797.85	2.38	141.12	562.12
河南	110.27	819.26	3.67	242.9	494.95
湖北	121.52	1 084.76	2.09	131.27	492.44
湖南	126.41	1 213.55	1.25	154.3	418.18
广东	118.69	1 000.09	1.82	88.89	600.54
广西	113.12	904.84	2.62	173.74	490.46
海南	111.47	882.98	2.57	148.08	415.51
重庆	115.92	950.3	0.91	129.26	466.87
四川	114.48	754.43	2.34	213.43	599.05

（续）

项目	主产品产量 （千克/头）	精饲料费 （元/头）	水费 （元/头）	人工成本 （元/头）	其他费用 （元/头）
贵州	123.99	860.89	2.75	211.85	539.03
云南	126.46	1 003.08	3.35	114.26	578.05
陕西	112.35	973.04	3.02	324.56	454.55
甘肃	104.93	883.42	2.16	125.86	572.7
青海	105.67	846.89	2.62	92.39	655.43
宁夏	108.7	874.48	1.3	178.16	517.37
新疆	115.64	832.53	2.06	166.5	652.14

5.6.1.2　*DEA* 结果分析

运用 *DEA* 方法，计算的 2004 年北京中规模生猪养殖的投入产出的相对效率结果如表 5-52，北京地区中规模生猪养殖的总效率和规模效率接近于 1，纯技术效率等于 1，说明北京属于投入产出效率没有达到最优，但是纯技术效率已经达到最优，所以要提高投入产出效率只需要提高规模效率。

表 5-52　2004 年北京中规模生猪养殖的投入产出的相对效率

	总效率	纯技术效率	规模效率	规模效益
北京	0.949	1.000	0.949	递增
全国平均	0.936	0.953	0.982	

2004 年全国各省区中规模生猪养殖的投入产出的纯技术效率结果如表 5-53，从全国来看，26 个中规模生猪养殖省中，纯技术效率等于 1 的有 13 个，北京市位列其中。表 5-54 为 2004 年全国各省区中规模生猪养殖投入要素冗余情况的汇总表，投入要素冗余比例（%）＝冗余量/（实际投入量－冗余量）。

表 5 - 53　2004 年全国各省市中规模生猪养殖的投入产出的纯技术效率

项　目	纯技术效率	项　目	纯技术效率	项　目	纯技术效率
北京	1.000	浙江	1.000	四川	1.000
天津	0.955	安徽	0.966	贵州	1.000
河北	0.998	山东	1.000	云南	1.000
山西	0.947	河南	0.891	陕西	1.000
内蒙古	0.928	湖北	0.800	甘肃	0.804
辽宁	0.951	湖南	1.000	青海	1.000
吉林	1.000	广东	0.808	宁夏	1.000
黑龙江	0.995	广西	0.826	新疆	1.000
江苏	1.000	海南	0.921	平均	0.953

表 5 - 54　2004 年全国各省区中规模生猪养殖的投入要素冗余情况

地区	投入要素冗余比例（%）			
	精饲料投入	水资源投入	劳动力投入	其他物质投入
北京	0.00	0.00	0.00	0.00
天津	0.00	0.00	0.00	4.20
河北	0.00	0.00	11.90	0.00
山西	0.00	0.00	11.68	0.00
内蒙古	0.00	0.00	0.00	3.10
辽宁	0.00	0.00	33.36	0.00
吉林	0.00	0.00	0.00	0.00
黑龙江	0.00	0.00	72.24	0.00
江苏	0.00	0.00	0.00	0.00
浙江	0.00	0.00	0.00	0.00
安徽	0.00	0.00	56.48	0.00
山东	0.00	0.00	0.00	0.00
河南	0.00	0.00	1.37	0.00

（续）

地区	投入要素冗余比例（%）			
	精饲料投入	水资源投入	劳动力投入	其他物质投入
湖北	0.00	0.00	0.00	0.00
湖南	0.00	0.00	0.00	0.00
广东	0.00	0.00	0.00	0.00
广西	0.00	0.00	0.00	0.00
海南	0.00	0.00	0.00	0.00
四川	0.00	0.00	0.00	0.00
贵州	0.00	0.00	0.00	0.00
云南	0.00	0.00	0.00	0.00
陕西	0.00	0.00	0.00	0.00
甘肃	0.00	59.62	1.40	0.00
青海	0.00	0.00	0.00	0.00
宁夏	0.00	0.00	0.00	0.00
新疆	0.00	0.00	0.00	0.00

运用 DEA 方法，计算的 2009 年各地区中规模生猪养殖的投入产出的相对效率结果如表 5 - 55，2009 年北京地区中规模生猪养殖的总效率、纯技术效率与规模效率都小于 1，并且低于全国平均水平。

表 5 - 55　2009 年北京中规模生猪养殖的投入产出的相对效率

	总效率	纯技术效率	规模效率	规模收益
北京	0.856	0.867	0.988	递增
全国平均	0.972	0.981	0.990	

运用 DEA 方法，计算的 2009 年全国各省区中规模生猪养殖的投入产出的纯技术效率结果如表 5 - 56 所示，北京在 29

个省区中规模生猪养殖的投入产出的纯技术效率排在倒数第 2 位，说明存在严重的投入过量问题。

表 5-56　2009 年全国各省市中规模生猪养殖的投入产出的纯技术效率

项　目	纯技术效率	项　目	纯技术效率	项　目	纯技术效率
北京	0.867	安徽	0.992	重庆	1.000
天津	1.000	福建	1.000	四川	1.000
河北	1.000	江西	1.000	贵州	1.000
山西	0.937	山东	1.000	云南	1.000
内蒙古	1.000	河南	0.934	陕西	0.992
辽宁	0.989	湖北	0.963	甘肃	1.000
吉林	0.987	湖南	1.000	青海	0.974
黑龙江	0.973	广东	0.991	宁夏	1.000
江苏	1.000	广西	0.864	新疆	1.000
浙江	1.000	海南	1.000	平均	0.981

以上说明北京如要提高总效率，不仅要从纯技术效率入手还要从规模效率入手。纯技术效率未达到最优，则投入要素出现冗余，根据 *DEA* 计算结果如表 5-57 所示，北京地区水费投入高于全国平均值，即每头生猪水费过度投入 0.412 元，高于全国的 0.073 元，过度投入部分占总水费投入的 20.8%。表 5-58 为 2009 年全国各省区中规模生猪养殖投入要素冗余情况的汇总表。

表 5-57　2009 年北京与全国中规模生猪投入冗余情况

	精饲料费（元）	水费（元）	人工成本（元）	其他费用（元）
北京	0.000	0.412	0.000	0.000
全国平均	0.000	0.073	2.805	6.238

表 5 - 58 2009 年全国各省区中规模生猪养殖的投入要素冗余情况

地区	投入要素冗余比例（%）			
	精饲料	水资源	劳动力	其他物质
北京	0.00	20.83	0.00	0.00
天津	0.00	0.00	0.00	0.00
河北	0.00	0.00	0.00	0.00
山西	0.00	0.00	11.06	0.00
内蒙古	0.00	0.00	0.00	0.00
辽宁	0.00	0.00	0.00	0.00
吉林	0.00	0.00	16.35	0.00
黑龙江	0.00	0.00	36.77	0.00
江苏	0.00	0.00	0.00	0.00
浙江	0.00	0.00	0.00	0.00
安徽	0.00	0.00	8.88	0.00
福建	0.00	0.00	0.00	0.00
江西	0.00	0.00	0.00	0.00
山东	0.00	0.00	0.00	0.00
河南	0.00	0.00	6.83	0.00
湖北	0.00	0.00	0.00	0.00
湖南	0.00	0.00	0.00	0.00
广东	0.00	0.00	0.00	23.52
广西	0.00	5.89	0.00	0.00
海南	0.00	0.00	0.00	0.00
重庆	0.00	0.00	0.00	0.00
四川	0.00	0.00	0.00	0.00
贵州	0.00	0.00	0.00	0.00
云南	0.00	0.00	0.00	0.00
陕西	0.00	9.25	0.00	0.00
甘肃	0.00	0.00	0.00	0.00
青海	0.00	15.29	0.00	16.27
宁夏	0.00	0.00	0.00	0.00
新疆	0.00	0.00	0.00	0.00

运用 *DEA* 方法，计算的 2013 年北京中规模生猪养殖的投入产出的相对效率结果如表 5 - 59，可以看到 2013 年北京地区中规模生猪养殖的总效率、纯技术效率和规模效率均为 1，说明规模效益不变，投入产出达到最优。相比 2009 年，北京市中规模生猪养殖经过 4 年的发展，其产出投入结构越来越合理，效率已达到最优水平。

表 5 - 59　2013 年北京中规模生猪养殖的投入产出的相对效率

	总效率	纯技术效率	规模效率	规模效益
北京	1.000	1.000	1.000	不变
全国平均	0.969	0.977	0.992	

运用 *DEA* 方法，计算的全国各省区中规模生猪养殖的投入产出的相对效率结果如表 5 - 60，29 各省区中有 15 个省区中规模生猪养殖投入产出的纯技术效率等于 1，其中包括北京市。表 5 - 61 为 2013 年全国各省区中规模生猪养殖投入要素冗余情况的汇总表。

表 5 - 60　2013 年全国各省市中规模生猪养殖的投入产出的纯技术效率

项　目	纯技术效率	项　目	纯技术效率	项　目	纯技术效率
北京	1.000	安徽	1.000	重庆	0.998
天津	1.000	福建	1.000	四川	1.000
河北	1.000	江西	1.000	贵州	1.000
山西	0.985	山东	1.000	云南	1.000
内蒙古	1.000	河南	0.966	陕西	0.919
辽宁	0.954	湖北	0.957	甘肃	0.857
吉林	1.000	湖南	1.000	青海	0.940
黑龙江	0.976	广东	0.975	宁夏	0.902
江苏	1.000	广西	0.935	新疆	0.974
浙江	0.981	海南	1.000	平均	0.977

表 5 - 61 2013 年全国各省市中规模生猪养殖的投入要素冗余情况

地区	投入要素冗余比例（%）			
	精饲料	水资源	劳动力	其他物质
北京	0.00	0.00	0.00	0.00
天津	0.00	0.00	0.00	0.00
河北	0.00	0.00	0.00	0.00
山西	0.00	42.60	0.00	0.00
内蒙古	0.00	0.00	0.00	0.00
辽宁	0.00	0.00	18.55	0.00
吉林	0.00	0.00	0.00	0.00
黑龙江	0.00	165.94	66.65	0.00
江苏	0.00	0.00	0.00	0.00
浙江	0.00	48.27	0.00	4.65
安徽	0.00	0.00	0.00	0.00
福建	0.00	0.00	0.00	0.00
江西	0.00	0.00	0.00	0.00
山东	0.00	0.00	0.00	0.00
河南	0.00	221.92	58.29	0.00
湖北	0.00	0.00	0.00	0.00
湖南	0.00	0.00	0.00	0.00
广东	0.00	5.20	0.00	0.00
广西	0.00	18.66	2.86	0.00
海南	0.00	0.00	0.00	0.00
重庆	0.00	0.00	0.00	0.00
四川	0.00	0.00	0.00	0.00
贵州	0.00	0.00	0.00	0.00
云南	0.00	0.00	0.00	0.00
陕西	0.00	8.99	81.70	0.00
甘肃	0.00	13.87	0.00	0.00
青海	0.00	47.61	0.00	10.85
宁夏	0.00	25.6	15.08	0.00
新疆	0.00	0.00	0.00	19.27

5.6.1.3 结论

北京中规模生猪养殖在 2009 年出现了技术效率损失情况，其中水资源投入出现冗余，冗余度为 20.83%。其余年度水资源都没有出现投入过剩的情况。

5.6.2 北京大规模生猪养殖水资源利用经济效率分析

5.6.2.1 *DEA* 变量选择和数据选择

产出：产出总量（数量单位：千克），用每头生猪主产品产量来表示。

投入：精饲料费用、水费、劳动力投入（每头人工成本）、其他投入（其他投入＝每头物质与服务费－精饲料费用－水费），即每头生猪所用费用（单位：元）。

2004 年全国大规模生猪养殖的省区有 23 个，分别是北京、天津、河北、山西、内蒙古、辽宁、吉林、黑龙江、上海、江苏、浙江、安徽、山东、河南、湖北、广东、广西、海南、四川、云南、甘肃、青海，其中主产品产量最高的是青海，最低的是江苏。表 5－62 是 23 个省区大规模生猪养殖投入产出情况，北京市大规模生猪产量排在第 20 位，处于较低水平。从各省区投入角度分别来看，精饲料费用、水费、人工成本和其他费用分别排在第 17、11、6 和 10 的位置。相比较而言，四类费用中人工成本费用较高，没有竞争优势。

2009 年全国大规模生猪养殖的省区有 29 个，分别是北京、天津、河北、山西、内蒙古、辽宁、吉林、黑龙江、上海、江苏、浙江、安徽、福建、江西、山东、河南、湖北、湖南、广东、广西、海南、重庆、四川、贵州、云南、陕西、甘肃、青海、新疆，其中主产品产量最高的是贵州，最低的是新

表 5 - 62　2004 年大规模生猪投入产出情况

项目	主产品产量 （千克/头）	精饲料费 （元/头）	水费 （元/头）	人工成本 （元/头）	其他费用 （元/头）
北京	90.7	402.9	1.84	42.31	332.42
天津	100.8	422.37	1.71	29.5	307.6
河北	93.8	404.32	1.5	28.1	296.1
山西	94.8	423	0.5	67.13	184.15
内蒙古	106.4	592.19	1.65	35.59	370.12
辽宁	99.6	413.43	1.29	40.86	276.42
吉林	108.5	402.83	0.52	53.55	346.71
黑龙江	94.4	323.77	2.32	63.23	238.2
上海	93.3	431.1	2.79	11.45	347.86
江苏	88	361.6	2.32	27.55	293.26
浙江	99.8	462.95	1.92	36.18	337.56
安徽	101.9	423.78	0.17	17.54	380.06
福建	99.6	493.01	1.92	14.65	374.97
山东	101.4	415.58	1.28	16.29	327.5
河南	95.2	430.76	1.58	44.07	257.1
湖北	96.6	490.66	1.4	34.68	278.07
广东	98.3	548.03	2.14	48.26	337.67
广西	88.7	465.33	3.29	37.76	308.49
海南	90.4	477.73	2.06	17.26	339.6
四川	100	369.6	5.8	20.01	359.64
云南	107.7	512.15	1.99	17.98	310.21
甘肃	91.7	391.92	0.96	23.9	272.66
青海	113	348	0.62	16.44	271.08

疆。表 5 - 63 是 29 个省区大规模生猪养殖投入产出情况，北京市大规模生猪产量排在第 25 位，处于较低水平。从投入角

度来看，精饲料费用、水费、人工成本和其他费用分别排在第
11、28、10 和 3 的位置。与 2004 年相比，大规模生猪养殖中
饲料费用降低，水费大幅度降低，人工成本和其他费用虽然有
所减少，单从全国来看仍处在较高的位置。

表 5 - 63　　2009 年大规模生猪投入产出情况

项目	主产品产量 （千克/头）	精饲料费 （元/头）	水费 （元/头）	人工成本 （元/头）	其他费用 （元/头）
北京	99.71	665.03	0.25	69.79	527.45
天津	107.34	633.75	1.84	52.94	365.13
河北	99.43	546.38	1.12	37.3	343.87
山西	99.9	642.15	2.17	67.15	268.06
内蒙古	100	695.51	3.78	80.2	438.01
辽宁	108.61	694.96	2	73.31	355.57
吉林	114.55	660.76	1.38	98.43	379.37
黑龙江	102	574.52	2.09	87.99	346.37
上海	101.89	590.93	6.04	22.08	541.8
江苏	98.84	507.47	3.42	55.27	449.81
浙江	109.68	686.44	1.66	44.82	481.71
安徽	107.27	659.89	1.97	43.36	456.81
福建	107.19	643.45	1.99	30.11	500.49
江西	113.9	742.04	0.51	19.7	398.63
山东	105.19	516.1	0.85	39.24	477.87
河南	106.29	649.99	2.49	87.54	345.92
湖北	109.1	707.31	2.51	32.1	385.03
湖南	112.99	797.46	0.85	37.98	365.05
广东	100.25	631.84	2.07	43.01	481.11
广西	107.55	695.64	2.78	57.46	433.32
海南	99.98	642.28	5.81	48.86	515.67

（续）

项目	主产品产量 （千克/头）	精饲料费 （元/头）	水费 （元/头）	人工成本 （元/头）	其他费用 （元/头）
重庆	101.75	479.55	0.14	108.77	566.57
四川	104.64	479.97	2.54	37.68	434.29
贵州	119.47	577.78	3.17	98	356.45
云南	118.63	704.04	2.68	24.17	431.19
陕西	111.17	587.83	3.08	90.17	334.55
甘肃	99.04	704.56	1.62	50.13	291.54
青海	102	723.78	2.5	17.14	455.36
新疆	98.17	554.76	3.13	70.13	306.88

2013 年全国大规模生猪养殖的省区有 29 个，分别是北京、天津、河北、山西、内蒙古、辽宁、吉林、黑龙江、上海、江苏、浙江、安徽、福建、江西、山东、河南、湖北、湖南、广东、广西、海南、重庆、四川、贵州、云南、陕西、甘肃、青海、新疆，其中主产品产量最高的是内蒙古，最低的是江苏。表 5 - 64 是 2013 年 29 个省区大规模生猪养殖产出和投入的情况，北京的产出量排在第 20 位，产量较低。而从同期精饲料费用、水费、人工成本和其他费用的投入来看，北京分别排在第 15、26、10 和 5 的位置，与 2009 年相比变化不大，其中饲料费用和其他费用相对减少。

表 5 - 64 2013 年大规模生猪投入产出情况

项目	主产品产量 （千克/头）	精饲料费 （元/头）	水费 （元/头）	人工成本 （元/头）	其他费用 （元/头）
北京	108.3	888.16	0.56	105.41	679.74
天津	107.82	783.5	4.01	100.4	561.35
河北	101.44	713.81	0.37	72.34	476.05

（续）

项目	主产品产量 （千克/头）	精饲料费 （元/头）	水费 （元/头）	人工成本 （元/头）	其他费用 （元/头）
山西	111.8	988.17	2.84	100.06	390.66
内蒙古	136.82	1 189.44	3.35	143.59	561.49
辽宁	112.97	976.7	2.62	176.73	478.06
吉林	122.65	953.1	1.75	225.22	467.04
黑龙江	105.01	793.92	4.1	188.91	446.69
上海	111.54	873.06	8.65	34.05	748.87
江苏	100.75	756.17	3.82	67.87	529.47
浙江	120.18	998.72	2.8	64.09	641.18
安徽	118.24	1 028.34	0.35	67.79	602.43
福建	111.66	953.74	3.79	48.13	583.56
江西	119.96	1 029.52	0.72	51.63	509.83
山东	110.4	714.14	0.54	73.67	706.42
河南	108.94	799.19	4.66	205.31	499.64
湖北	114.43	981.35	1.91	72.43	546.27
湖南	119.08	1 133.73	1.47	58.3	494.88
广东	106.66	840.56	1.86	63.75	638.86
广西	115.52	975.56	2.92	125.87	498.45
海南	108.33	849	1.42	33.46	628.94
重庆	108.9	902.08	0.08	104.6	454.07
四川	113.15	735.01	1.15	118.7	640.1
贵州	118.2	831.18	3.5	102.82	573.11
云南	121.64	984.61	2.79	36.31	630.88
陕西	106.47	927.5	2.43	178.33	478.11
甘肃	103.03	812.96	1.64	85.87	675.96
青海	105	720	3.08	42	802.38
新疆	103.8	777.9	2.76	124.64	682.53

5.6.2.2 *DEA* 结果分析

运用 *DEA* 方法，计算的 2004 年北京大规模生猪养殖的投入产出的相对效率结果如表 5‑65，总效率、纯技术效率和规模效率均小于 1，低于全国平均值，投入产出效率为达到最优。

表 5‑65　2004 年北京大规模生猪养殖的投入产出的相对效率

	总效率	纯技术效率	规模效率	规模效益
北京	0.693	0.839	0.826	递增
全国平均	0.823	0.895	0.918	

运用 *DEA* 方法，计算的 2004 年全国各省区大规模生猪养殖的投入产出的纯技术效率结果如表 5‑66，其中纯技术效率低于 1 的有 18 个，北京市在 23 个省中排在倒数 5 位。

表 5‑66　2004 年全国各省市大规模生猪养殖的投入产出的纯技术效率

项目	纯技术效率	项目	纯技术效率	项目	纯技术效率
北京	0.839	上海	1.000	广东	0.712
天津	0.842	江苏	0.949	广西	0.802
河北	0.877	浙江	0.763	海南	0.866
山西	1.000	安徽	1.000	四川	0.938
内蒙古	0.694	福建	0.937	云南	0.893
辽宁	0.882	山东	0.929	甘肃	0.954
吉林	0.923	河南	0.900	青海	1.000
黑龙江	1.000	湖北	0.887	平均	0.895

以上说明北京如要提高总效率，不仅要从纯技术效率入手还要从规模效率入手。纯技术效率未达到最优，则投入要素出现冗余，根据 *DEA* 计算结果如表 5‑67 所示，北京地区其他

费用投入高于全国平均值，即每头生猪其他费用过度投入21.296元，高于全国的7.372元，过度投入部分占总投入的6.84%。而水费的过度投入量占总投入的14.36%。表5-68为2004年全国各省区大规模生猪养殖投入要素冗余情况的汇总表。

表5-67　2004年北京与全国大规模生猪投入冗余情况

	精饲料费	水费	人工成本	其他费用
北京	0.000	0.231	0.000	21.296
全国平均	16.844	0.670	1.418	7.372

表5-68　2004年全国各省市大规模生猪养殖的投入要素冗余情况

地区	投入要素冗余比例（%）			
	精饲料	水资源	劳动力	其他物质
北京	0.00	14.36	0.00	6.84
天津	0.00	77.94	0.00	0.00
河北	0.00	68.54	0.00	0.00
山西	0.00	0.00	0.00	0.00
内蒙古	1.47	49.32	0.00	0.00
辽宁	0.00	33.54	0.00	0.00
吉林	0.00	0.00	32.62	4.49
黑龙江	0.00	0.00	0.00	0.00
上海	0.00	0.00	0.00	0.00
江苏	0.00	112.45	0.00	4.97
浙江	0.00	51.66	0.00	0.00
安徽	0.00	0.00	0.00	0.00
福建	16.23	0.00	0.00	11.48
山东	4.07	0.00	0.00	4.13

（续）

地区	投入要素冗余比例（%）			
	精饲料	水资源	劳动力	其他物质
河南	0.99	118.23	0.00	0.00
湖北	0.23	87.92	0.00	0.00
广东	2.93	79.23	0.00	0.00
广西	1.01	165.54	0.00	0.00
海南	9.34	33.25	0.00	0.00
四川	0.00	445.63	0.00	23.32
云南	25.15	99.00	0.00	0.00
甘肃	4.41	47.92	0.00	0.00
青海	0.00	0.00	0.00	0.00

运用 *DEA* 方法，计算的 2009 年北京大规模生猪养殖的投入产出的相对效率结果如表 5-69，总效率、纯技术效率和规模效率均等于1，大于全国平均值。

表 5-69 2009 年北京大规模生猪养殖的投入产出的相对效率

	总效率	纯技术效率	规模效率	规模效率
北京	1.000	1.000	1.000	不变
全国平均	0.942	0.951	0.989	

运用 *DEA* 方法，计算的 2009 年全国 29 个省区大规模生猪养殖的投入产出的纯技术效率结果如表 5-70，其中纯技术效率等于1的有 15 个省区，北京市排在其中。可以看到 2009 年北京地区大规模生猪养殖的纯技术效率为1，规模效益不变的情况下，投入产出达到最优。表 5-71 为 2009 年全国各省区大规模生猪养殖投入要素冗余情况的汇总表。

表 5-70　2009 年全国各省市大规模生猪养殖的投入产出的纯技术效率

项目	纯技术效率	项目	纯技术效率	项目	纯技术效率
北京	1.000	浙江	0.869	海南	0.782
天津	0.959	安徽	0.871	重庆	1.000
河北	1.000	福建	0.942	四川	1.000
山西	1.000	江西	1.000	贵州	1.000
内蒙古	0.773	山东	1.000	云南	1.000
辽宁	0.932	河南	0.916	陕西	0.989
吉林	1.000	湖北	0.962	甘肃	1.000
黑龙江	0.965	湖南	1.000	青海	1.000
上海	1.000	广东	0.838	新疆	1.000
江苏	0.953	广西	0.839	平均	0.951

表 5-71　2009 年全国各省市大规模生猪养殖的投入要素冗余情况

	投入要素冗余比例（%）			
	精饲料投入	水资源投入	劳动力投入	其他物质投入
北京	0.00	0.00	0.00	0.00
天津	0.00	0.00	0.00	0.00
河北	0.00	0.00	0.00	0.00
山西	0.00	0.00	0.00	0.00
内蒙古	0.00	0.00	0.24	0.00
辽宁	0.00	0.00	0.00	0.00
吉林	0.00	0.00	0.00	0.00
黑龙江	0.00	0.00	48.78	0.00
上海	0.00	0.00	0.00	0.00
江苏	0.00	25.32	32.27	0.00
浙江	0.00	0.00	0.00	0.00
安徽	0.00	0.00	0.00	0.00

（续）

	投入要素冗余比例（％）			
	精饲料投入	水资源投入	劳动力投入	其他物质投入
福建	0.00	0.00	0.00	9.94
江西	0.00	0.00	0.00	0.00
山东	0.00	0.00	0.00	0.00
河南	0.00	0.00	12.53	0.00
湖北	0.00	112.71	0.00	0.00
湖南	0.00	0.00	0.00	0.00
广东	0.00	0.00	0.00	0.00
广西	0.00	19.72	0.00	0.00
海南	0.00	72.30	0.00	0.00
重庆	0.00	0.00	0.00	0.00
四川	0.00	0.00	0.00	0.00
贵州	0.00	0.00	0.00	0.00
云南	0.00	0.00	0.00	0.00
陕西	0.00	1.08	3.21	0.00
甘肃	0.00	0.00	0.00	0.00
青海	0.00	0.00	0.00	0.00
新疆	0.00	0.00	0.00	0.00

运用 *DEA* 方法，计算的北京 2013 年大规模生猪养殖的投入产出的相对效率结果如表 5‑72，总效率、纯技术效率和规模效率均小于 1，低于全国平均值，投入产出效率未达到最优。

运用 *DEA* 方法，计算的 2013 年全国各省区大规模生猪养殖的投入产出的纯技术效率结果如表 5‑73，其中纯技术效率小于 1 的有 13 个省区，北京市是纯技术效率最低的。

表 5-72　2013 年北京大规模生猪养殖的投入产出的相对效率

	总效率	纯技术效率	规模效率	规模效益
北京	0.835	0.857	0.974	不变
全国平均	0.958	0.968	0.989	

表 5-73　2013 年全国各省区大规模生猪养殖的投入产出的纯技术效率

项目	纯技术效率	项目	纯技术效率	项目	纯技术效率
北京	0.857	浙江	0.939	海南	1.000
天津	0.951	安徽	1.000	重庆	1.000
河北	1.000	福建	0.957	四川	1.000
山西	1.000	江西	1.000	贵州	1.000
内蒙古	1.000	山东	1.000	云南	1.000
辽宁	0.922	河南	0.983	陕西	0.909
吉林	1.000	湖北	0.928	甘肃	0.878
黑龙江	1.000	湖南	1.000	青海	1.000
上海	1.000	广东	0.916	新疆	0.918
江苏	0.968	广西	0.944	平均	0.968

以上说明北京如要提高总效率，不仅要从纯技术效率入手还要从规模效率入手。纯技术效率未达到最优，则投入要素出现冗余，根据 DEA 计算结果如表 5-74 所示，北京地区人工成本费用投入不合理，即每头生猪人工成本费用过度投入部分占总投入的 3.14%。表 5-75 为 2013 年全国各省区大规模生猪养殖的投入要素冗余情况的汇总表。

表 5-74　2013 年北京与全国大规模生猪投入冗余情况

	精饲料费	水费	人工成本	其他费用
北京	0.000	0.000	3.211	0.000
全国平均	0.000	0.560	6.888	5.734

表 5 - 75　2013 年全国各省区大规模生猪养殖的投入要素冗余情况

	投入要素冗余比例（%）			
	精饲料	水资源	劳动力	其他物质
北京	0.00	0.00	3.14	0.00
天津	0.00	176.36	6.47	0.00
河北	0.00	0.00	0.00	0.00
山西	0.00	0.00	0.00	0.00
内蒙古	0.00	0.00	0.00	0.00
辽宁	0.00	0.00	0.72	0.00
吉林	0.00	0.00	0.00	0.00
黑龙江	0.00	0.00	0.00	0.00
上海	0.00	0.00	0.00	0.00
江苏	0.00	398.69	0.00	0.00
浙江	0.00	0.00	0.00	0.00
安徽	0.00	0.00	0.00	0.00
福建	0.00	229.28	0.00	0.00
江西	0.00	0.00	0.00	0.00
山东	0.00	0.00	0.00	0.00
河南	0.00	259.57	64.16	0.00
湖北	0.00	47.83	0.00	0.00
湖南	0.00	0.00	0.00	0.00
广东	0.00	82.89	0.00	0.00
广西	0.00	0.00	0.00	0.00
海南	0.00	0.00	0.00	0.00
重庆	0.00	0.00	0.00	0.00
四川	0.00	0.00	0.00	0.00
贵州	0.00	0.00	0.00	0.00
云南	0.00	0.00	0.00	0.00
陕西	0.00	0.00	41.51	0.00
甘肃	0.00	173.33	3.40	12.79
青海	0.00	0.00	0.00	0.00
新疆	0.00	2.12	41.70	89.65

5.6.2.3 结论

北京大规模生猪养殖在 2004 年技术效率有损失，其中水资源投入出现冗余，冗余度达到 14.36%；2013 年仍然没有达到技术效率为 1 的前沿面，但在各项投入中，水资源并没有出现冗余。

6 其他国家和地区畜牧业水资源利用经验分析

6.1 其他国家和地区畜牧业水资源利用的基本做法

6.1.1 美国

美国的水资源总量位居世界第四位，人均占有水资源量接近 1.2 万立方米，其水资源总量与人均占有水资源量都位居世界前列，是世界水资源较为丰富的国家之一。美国年均降水量基本上保持 760 毫米左右，表现为西少东多，美国水资源总量为 2.97 万亿立方米，农业用水量已经达到年 2 000 多亿吨。

全球范围内，水资源的污染和清洁水源的短缺都在不断加剧。目前公认农业引起的面源污染是目前水体污染中最大的问题之一。特别是随着对点源污染控制的逐步加强，在水体污染中农业面源污染所占的比重不断增加。美国环保局 2003 年的调查结果显示，农业面源污染是美国河流和湖泊污染的第一大污染源，导致约 40% 的河流和湖泊水体水质不合格，是河口污染的第三大污染源，是造成地下水污染和湿地退化的主要因素。1979 年美国国会通过清洁水法案，将把水污染治理列入国家财政预算，联邦政府每年从财政预算中拨出 20 亿美元的专项基金，用于启动水污染治理的项目，近年流域治理的重点为面源污染监测及治理。2003 年在美国总统布什向国会的提案中，对全国 20 个重点流域治理增加 7％的预算，用于加强对流域面源污染治理的相关研究。在治理行动计划上，联邦政府设立了 500 亿美元的清洁水基金，主要作为"种子基金"，吸引地方政府共同投资，供农民、企业或地方通过无息或低息贷款的方式进行面源污染治理。

美国加州政府限制农用电电费，农业用电每千瓦时只有 0.08 美元左右（合人民币 0.7 元），就为节能高效的农用机具的推广铺平了道路。从而使世界先进节水灌溉技术在加州都得到了较好应用。美国东部水资源较为丰富，实行累退制水价制度，大水量用户水价低，小水量用户水价高。对于居民生活用水，一般采用全成本定价模式，对于农业灌溉用水则采用服务成本＋用户承受能力定价模式。美国西部地区，如加利福尼亚州，由于水资源十分紧缺，服务成本定价模式和完全市场定价模式较常见。同时，美国水费中一般都包括排污费。对于水权管理体系，美国的阿肯萨斯、特拉华、佛罗里达、佐治亚等州，由于水资源较为丰富，采用的是滨岸使用权许可体系；而美国密西西比河以西的大部分州，如犹他州、科罗拉多州和俄勒冈州等，由于干旱缺水，用水较为紧张，采用的则是优先占用水权体系。

美国在农业水资源利用方面，农业生产过程中对于灌溉农场积极采用滴灌技术，一方面保证农作物得到均匀水养分而得以健康成长，另一方面使宝贵的水资源得以有效利用。全国的农场面积 50％进行喷灌，43％进行地面灌溉，7％为其他。美国为确保滴灌技术达到水资源有效利用采取土壤水分监测技术，智能控制执行农作物精确的滴灌用水需水量，还有应用先进的源于军事的 TDR 测量技术，实行微机智能滴灌农田，这大大节约了人、才、物的投入，使农业生产形成规模经济，促进水资源有效利用。

另一方面，美国畜牧业生产自身对农业水资源污染主要来自以下几个方面：一是普遍使用化学杀虫剂的污染，从 1950 年以来，美国杀虫剂和除草剂的使用分别增加了 12 倍和 21 倍。由于有些杀虫剂和除草剂的残留毒性较大，容易通过人、畜和土壤等途径进入水体而造成污染。二是集约化养殖禽畜造成的污染，自 20 世纪 60 年代以来，少则千只，多则十几万只禽畜的养殖场遍布美国农村，禽畜粪便和废料对水体的污染已显而易见。农业水资源来源除了直接的地表径流淡水以及地下水之外，美国还积极开展海水淡水化和污水处理。美国经过多年努力，海水淡水化技术与规模取得了长足发展。在污水处理方面，美国的污水处理项目已经成功实施。

鉴于农业水资源污染日益严重，美国国会 1965 年已通过了《水质法》，这是水资源保护的第一个总纲；1970 年通过的《环境保护法》中也把水质和水资源保护列为首位；1977 年国会再次通过了《土壤和水资源保护法》。在以上三项法律中都交叉重复提到了水资源保护。1972 年联邦《水污染控制法》和《杀虫剂控制法》则具体提到了禁止生产和使用剧毒及高残毒的农药，以此控制杀虫剂残毒对农业水资源的污染。1976 年颁布了《集约化养殖场控制污染水排放标准》；1971 年政府提出了一个农村水清洁计划，控制一些农村无定点污染源的污染处理方法，所有这些法规法律都对农业水资源保护起了积极作用。除了法制外，政府也从行政和经济手段上加以调控。例如：鼓励发展节水型农业；鼓励提高水的利用率；政府出一部分资金大面积推广滴灌和微灌技术；政府出资在水土流失严重地区种草以涵养水源；限制在沼泽地上排涝和种植作物；高耗水农业将得不到政府的农业补贴等。

美国的《联邦水污染法》中的规定侧重于畜牧场建厂管理，规定：① 1 000 或超过 1 000 头标准的工厂化畜牧场，如 1 000 头肉牛、700 头乳牛、2 500 头体重 25 千克以上的猪、12 000 只绵阳或山羊、55 000 只火鸡、18 000 只鸡蛋或 29 000 只肉鸡，必须得到许可才能建厂。② 1 000 标准头以下，300 标准头以上的畜牧场，其污染水无论排入自身贮粪池，还是排入流经本场的水体，均需得到许可。③ 300 标准头以内的畜牧场，若无特殊情况，可不经审批。美国对畜牧场污染后的惩罚相当严格，采用每天罚美金 100 元以上，直至污染排除为止。

除此之外，美国水权交易与"水银行"的开展实施可以使自身农业水资源进行商品化运作，使得农业水资源跨越时空约束而灵活调配使用，有利于农业水资源使用更加规范化、制度化和科学化。

6.1.2 以色列

以色列厕所冲洗、园林和农田灌溉、道路保洁、洗车、城市喷泉、冷却设备补充用水等，都大量地使用中水。为了有效利用中水，在上水道和下水道之间，专门设置了中水道。为鼓励设置中水道系统，政府制定了奖励政策，通过减免税金、提供融资和补助金等手段大力加以推广。

以色列政府通过立法，实行严格的奖惩制度。用水计划是按每年降水量、种植面积、最佳需水量按户分配。用水量在计划内 70% 者，水价按 100% 收，70%～100% 的部分按水价加收 2/3，超额部分 4 倍收费，从而使农民自觉地提高水利用率。

以色列政府对水资源实施严格监管。1959 年颁布的《水资源法》，规定了以色列境内所有水资源均归国家所有，由国家统一调拨使用，任何单位或个人不得随意开采地下水。以色列为此专门设立水资源委员会，具体负责水资源定价、调拨和监管。

20 世纪 70 年代以前，以色列在"优先发展农业"的战略指导思想下，建立的是一种以粮食生产为主的自给主导型结构，加重了以色列的水危机；从 70 年代开始，以色列政府对农业结构进行了大幅度调整，建立以产值最高为目标的节水农业模式，大力扶持出口创汇型高效节水农业，即实行以园艺业生产为主的出口主导型农业结构。重新制定了农业生产计划，大力压缩耗水量大的粮食作物的种植面积，放弃多年生或一年生的饲料作物，集中力量大力发展经济效益高、耗水量较少的水果、蔬菜和花卉生产，努力开发抗旱节水型作物。而对于粮食的需求则主要通过进口，即通过虚拟水战略来缓解本国水资源危机，完全符合以色列国情。该国家所面临的缺水状况是很严重的。对于该国来说，虚拟水贸易提供了一种替代供应方式，并且不会产生恶劣的环境后果，能较好地减轻水资源紧缺的压力，而且以色列也成功地运用虚拟水贸易从国际市场上获得大量的虚拟水，出口水稀疏型高附加值产品获得丰厚的资金支付虚拟水价值，但是如果对贸易过分依赖也会增加经济发展受制于人的风险、威胁粮食安全。

以色列的畜牧业依靠集约化、规模化的生产方式和自动化、专业化的技术，使得畜牧产品在农业中占有突出的地位，从虚拟水战略的眼光来看，以色列的气候炎热少雨、可耕种土地、水资源严重不足，且市场趋于饱和，都是制约以色列畜牧业发展的不利因素。人们可以通过减少肉类消费，增加蔬菜消耗量来降低人均水足迹，这样的饮食结构也可促使其畜牧业的萎缩，进而减轻对以色列水资源的压力。

在污水处理方面，以色列已建成大小不同的水库 200 余座，容纳了约 1.5 亿立方米的处理污水。这些水库还起到了蓄积雨水的作用。目前，以色列的城市和所有的定居点已建成了较健全的排污系统，并因地制宜地建立了相应的污水处理工程。几乎所有排出的污水都进行了二级处理，约有 60% 以上的污水用于农业灌溉。为便于污水的农业利用，以色列将全国按自然流域划分为 7 个大的区域，每个区域内按污水产生数量都制定出了利用计划，在一些地区，几乎所有的污水都得到了处理和利用。

6.1.3　法国

法国工业化和城市化程度极高，水资源丰富，且开发利用程度高，国家财政具备较大的财力来调控水价或对农业用水给予补贴支持。法国水价构成中包括水资源费和污染费等项税款，实行水费和税费相结合的双费制度。居民生活用水水费采用边际成本＋承受能力的定价模式，而工业用水和农业灌溉用水水费采用服务成本＋承受能力定价模式，但后者因以水税的方式收取了水资源费和污染费，实际上也是采用了全成本＋用户承受能力定价模式。

法国农村水资源的硝酸盐污染问题尤为突出。自 20 世纪 80 年代末的旱灾以来，法国加强了农村水资源保护工作，采取多种措施预防污染，并取得一定成效。1991 年法国农业部长在全国水利会议上指出，解决水源污染需要政府、公共部门、社会团体、农民以及工业等各方面共同努力才能从根本上解决。为此，法国政府和各地区都相继成立了水资源领导办公室，专门负责有关各项政策的协调工作。国家规定农业用水应遵循两个原则：统筹安排，节约用水和预防水资源污染。

法国政府还制定了一些必要的法规条例，以限制硝酸盐污染。例如，针对污染较严重的集约化饲养场修订了畜舍修建条例。条例中对贮粪池容量、贮存时间及饮水设备等都有具体规定。达不到要求的需要改建，政府补贴一部分改建费用。以猪场为例，贮粪池改建工程每立方米补贴 70～120 法郎；修建防雨水流入粪池的工程，补贴费用占工程费用的 20％。此外，改建牲畜饮水设备、安装除臭设备等一系列工程都可得到相应补贴。1990 年法国用于预防农村环境污染的费用达 8 000 万法郎，1991 年的财政预算中也对环境保护给予了优先考虑。

土壤中氮的另一个来源是家畜粪便。畜牧业对水源污染的主要途径是粪水漫流导致地下含水层硝酸盐含量增高。此外，使用未经处理过的厩肥，并过量施播也会增加土壤中的含氮量。为此，法国提出预防污染应围绕以下几方面进行：提高贮粪池容量，防止粪水溢出；对厩肥做适当降氮处理；合理施肥。对于集约化饲养场，提高贮粪池的贮存能力是解决粪水外流的关键，给贮粪池加盖，挖排水沟可以起到防止外部水流入粪池的作用，其他措施还有：牲畜饮水时加强管理、饮水槽做到不漏水、用高压水泵洗涤饲养设备等。根据猪龄调整氮素的供给量，用合成氨基酸代替蛋白饲料也可降低粪便中的含氮量。厩肥是上好的肥料，使用厩肥可减少化肥的使用量，但使用不当也会造成污染。因此专家们建议，要改变厩肥施播多多益善的传统认识，在使用前要测定肥料的含氮量，并根据农作物的生长需要控制施播量。供施播的厩肥要有足够的贮存期，至少应贮存 6～7 个月。

目前法国国家用于控制农田引起面源污染的技术标准主要包括：①对水源保护区、水源涵养地的轮作类型的限定；②对水源保护区、水源涵养地肥料类型、施肥量、施肥期、施肥方法的限定。用于控制畜禽业引起面源污染的技术标准主要包括：①要求畜禽场就近配有足够的农田，以便保证在环境安全的前提下，消纳畜禽粪便（每公顷耕地 1.5 个畜单位，大约相当于 15 头猪 1 公顷耕地）；②要求畜禽场固液废弃物化粪池的容量达到可贮放 6 个月排出的固液废弃物；③要求化粪池密封性好，不会产生径流和侧渗。

在进行农田面源污染控制上，主要是在全流域范围内广泛推行农田最佳养分管理（Best Nutrient Management Practice，BNMP），通过对水源保护区农田轮作类型、施肥量、施肥时期、肥料品种、施肥方式的规定，进行源头控制。即使在对农民有巨额补贴的欧洲国家，能够采用污水处理设备的畜禽养殖场也很少，为此畜禽场面源控制，主要通过制定畜禽场农田最低配置（指畜禽场饲养量必须与周边可蓄纳畜禽粪便的农田面积相匹配）、畜禽场化粪池容量、密封性等方面的规定进行。管理部门在进行监控时，主要不是检查农村畜禽场排放污水是否达标，而重点检查农田最低配置、畜禽场化粪池容量等，实际上，在这些指标达标的条件下，极少会发生畜禽场的场地径流。

6.1.4 日本

从 20 世纪 80 年代起，日本政府也大力提倡使用中水。此外，积蓄雨水、利用雨水是日本政府特别是地方政府近年来积极推行的节水政策。在日本，人们把雨水引入到中水道里，供冲洗厕所等使用。与中水道、工业废水处理场相比，雨水利用设施的有利之处在于规模小技术处理简单、维修容易，而且水质较好。目前，东京都、大阪府、福冈市、千叶县、香川县等不少地方政府都相继制定了条例，通过各种办法积极促进对雨水的利用。

日本由于人口稠密，一旦发生污染危害严重，所以立法最多，先后制定了七个有关法律，与畜牧业直接相关的有 1970 年公布的《废弃物处理及清除法》、《防止水质污染法》和《恶臭防止法》。与畜牧业间接相关的有《湖泊水质安全特别措施法》、《河川法》和《肥料管理法》。为了促进有机肥施用又提出了《化肥限量使用法》等。

规定一个畜牧场养猪超过 2 000 头，牛超过 800 头，马超过 2 000 匹时，由畜舍排出的污水必须经过净化，并符合法律标准。在大中城市及公共用水区域，猪舍面积在 50 平方米以上、牛棚面积在 200 平方米以上、马厩面积在 500 平方米以上必须向当地政府申请设置特定设施，以取得许可。对于月排水量在 500 立方米的养殖场，排出污染物的允许限度按排水标准执行。新建大中型畜牧场一个饲养点饲养的家畜，猪超过 60 头、牛超过 20 头、马超过 50 匹时，必须得到当地政府的许可。

日本在宣传节水上非常用心。许多用品上都有宣传的标志。国家专门还为儿童拍摄了节水的电影片。在日本，8月1日是水日，8月1日至7日是水周，许多半官半民的中介机构，如水资源开发公团和水资源协会等，经常性地协助政府进行提高节水意识、普及节水方法的宣传活动。日本内阁发表的一份关于水的民情调查报告显示，有65％的被调查者在日常生活中非常注意节水。

从不同类型用地的灌溉用水量来看，由于水田占日本耕地的54％左右，农业用水以水田为主。其次为旱地和畜牧使用。1993年，水田用水559亿吨，占全部农业用水的9514％，旱地用水21亿吨，畜牧用水5亿吨。虽然日本的水资源丰富，各地区的水资源储存量远大于当地的农业用水量。但由于日本的地形、地貌、气候、河流等影响，雨量的时间和空间上的分布不均，常常造成不同地区不同季节的干旱，据统计，几乎每年都有地区发生农业干旱。

日本的农业用水主要有水田灌溉、高地（旱地）灌溉及作物生长和牲畜饲养日常用水等。二战后，为了解决农业用水问题，日本政府采取了措施，进行水资源开发。畜牧业除牲畜饮用外，又增加了牲畜和棚舍的冲洗水、清洁水；加之水质污染，不宜重复利用等原因，农业用水还在不断增加。

日本对于农业的开源节流措施：

（1）修建水库

消除用水特别是农业用水不安定因素的主要办法就是在河流上修建水库，通过水库安定河流水量，防洪蓄水，灌溉农田。每年大约80％以上的灌溉用水是通过水库提供的。

（2）利用蓄水池开发新水源

在日本的一些台地较多地区，如近畿地区的香川、大阪、奈良等地。由于远离河流，地下水资源又不丰富，属于干旱地区，历来就只种一些耐旱作物。二战后，在这些地区修建了大量的蓄水池，有的地区，像兵库县加古川左岸的台地，蓄水池面积与耕地面积比可达 25％。在非灌溉期，通过数公里或距离更长的水渠从河流引水进池，储存起来以供灌溉期使用。蓄水池的池与池，池与田也用水渠相连。有些类似我国的长藤结瓜灌溉系统。通过利用蓄水池，开发新水源，使这些地区的农业生产发生了很大的变化。如今不但改变了干旱缺水的状况，而且开发出了大量水田，使近畿地区的水田率始终保持在 70％左右，处于全国的前几位。

（3）其他水资源开发措施

由于日本河流一遇暴雨，便容易携带大量泥沙，一旦进入水库，长期淤积，便会降低水库的调洪蓄水能力。因此，对于这种水库，定期用挖泥船等进行排沙，或放水冲沙，来保证水库一定量的库容。在一些受地形地貌限制不适应修水库的半岛地区或地下水丰富，但离海近的中小河流地区，在地下修建水库，储蓄地下水，为工农业生产所用。在离海近的地区还可以防止干旱时期，海水的地下侵入。

（4）大力发展节水农业

在节约资源的同时，日本还非常重视发展节水农业。从水库、河流到农田，输水系统以管道及三面衬砌渠道为主，以提高输水效率。从田间灌溉系统来看，水田灌排分开，争取做到灌溉水的反复利用。按照水稻生长期需水要求，制定灌溉计划并严格执行。旱地灌溉以喷灌为主，其次是微灌。近些年微灌有了较大的发展，随着灌溉技术的不断发展，现在旱地灌溉已经不仅是节水灌溉，而是发展到更高一阶段，节省劳力及多目的利用，即施肥、喷药、土壤消毒、防止冻霜、防除病虫、调节微气象环境等。

6.1.5 埃及

埃及是一个干旱国家，全年平均降水量仅为 10 毫米。广大地区属热带沙漠气候。北部地中海沿岸地区气候相对温和，雨水稍多，年降水量为 50~200 毫米。由北往南降水量急剧减少，开罗年降水量仅 33 毫米，开罗以南的地区终年降水量几乎为零。埃及南部属热带沙漠气候，炎热干燥，地面蒸发量极大，如开罗地面蒸发量高达 1 020 毫米。夏季气温较高，昼夜温差较大。

由于埃及人口增加较快，由 20 世纪 50 年代的 2 000 多万人口到 90 年代末增加到 6 600 万人口，导致水需求量的大幅增加，由六七十年代的 600 亿立方米增加到目前的 730 亿立方米，其中农业用水占 83%，工业用水占 10%，城市生活用水占 6%，其他用水占 1%。根据埃及与苏丹的协议，埃及在尼罗河取水不能超过 555 亿立方米，所缺乏的 175 亿立方米是通过重复利用污水、开发利用地下水和尽量利用本来就很少的降雨来解决。由于增加水资源存在较大困难，循环使用水资源成为最重要的手段。对农业废水采取与地表水、地下水综合利用的方法，每年达到 47 亿立方米。城市废水通过净化用于农业，目前处于试验及小面积应用阶段，每年约 5 亿立方米。

在农业灌溉用水中，一方面通过对灌溉工程的改造，减少漏水，同时改进灌溉技术，限制漫灌，提倡夜间灌溉。另一方面积极引入需水量小的粮食品种，减少高耗水农作物的种植面积，减少农作物单位产量的耗水量。积极利用排放水、农业废水和城市生活污水，加强污水的循环利用。对于城市生活污水，通过净化后部分用于农业灌溉，并已经规划 2017 年污水净化后用于农业要达到 25 亿立方米。

埃及政府多年来推行不同的水价政策，即对不同的用水对象和不同的用水地区，制定不同的收费标准。具体做法是：农业和农民用水一直免费；城市居民则根据情况区别对待，即对收入存在差异的不同住宅区，收取不同的水价。富人区水价高，反之则较低，有的甚至只是象征性地收费。埃及也是较早对水资源进行立法管理的国家之一，规定无论是地表水、地下水、还是工业废水等，一律由水资源灌溉部实行统一的管理与分配，还明令禁止私人和公司对水资源的滥用。对农业立法工作做得尤其细致，详细规定了地下水和地表水的使用方法，鼓励私人投资治理沙漠等。

埃及作为一个大部分地区属典型热带沙漠气候的干旱国家，全年干燥少雨。为解决水资源不足的问题，埃及在 2002 年开始在 8 个省开展全民节约饮用水运动，并逐步将这一运动推广到全国其他地区。全民节水运动包括：有关部门通过讲座和培训等形式提高国民特别是儿童和家庭主妇的节水意识，使他们掌握各种行之有效的节水办法。杜绝对水资源的浪费，限制工业用水，对大企业浪费水的行为进行相应的惩罚。这一活动得到了联合国的支持，最终实现了饮用水的消费量降低 40% 的目标。

埃及发展旱作节水农业，提高水资源利用率。一是大力推行节水灌溉。埃及大面积推广渠道沟灌、自动化滴灌、喷灌和人工洒灌等节水灌溉措施，减少输水损失，提高农田用水效率。二是注重抗旱良种的培育、筛选和推广。埃及有中东地区最著名的国家作物品种基因库，专门负责农作物抗旱基因的遴选、培育和保存等，并通过组织培养等技术手段，培育出多个抗旱经济作物和生物品种。三是注重节水技术的研发和推广。如灌溉施肥（Fertigation）、农田集雨、作物间作等技术研究，并将这些技术通过当地农技推广部门推广应用，取得了较好的成效。

6.1.6　新加坡

新加坡在管理本国的水资源和污水及废水再利用方面非常成功的一个主要原因是其重视水资源的全方位管理，包括管理水资源的供应和需求、污水废水和暴雨洪水的管理、制度有效性的研究和创造一个有利的环境，例如强有力的政策决策机制、有效的法制框架和有经验且积极性很高的人力资源等。

新加坡利用海水淡化技术和循环再生水技术，以及暴雨收集利用技术来扩展本国可以获得的水资源，并且利用技术的发展来增加水源的获得，改进水质管理并且逐步降低产出和管理方面的花费。海水淡化技术正在成为扩大和多样化可获得水源的重要途径。在 2005 年，投资 11.9 亿新元的 Tuas 海水淡化工厂正式成立。其淡化流程采用的是先进的双向渗透技术。通过收集、处理废水再利用是增加新加坡水供应的第二个措施。新加坡实现了 100% 的下水道的连通，所有的污水都得到了收集和处理。新加坡也许是世界上少有的几个使用再生水的国家，污水通过先进的双向渗透膜和紫外线消毒技术处理以后成为再生水，这些处理以后的再生水主要供给工业和商业用水户，因为这些部门对再生水水质的要求不高。新加坡目前有三个工厂生产再生水。

在防治污染方面，新加坡的不少做法也值得我们借鉴。对于 1976 年新加坡出台的排污规定，新加坡给予了严格地执行。

例如，当养猪场流出的污水成为主要的污水来源时，新加坡推出了"养殖行动法案"来严格限制牲口的养殖以保护公众的健康，将这些牲口指定在一定区域养殖，保护了流域不受所养殖牲口的排泄物的污染。

以上这些措施表明：作为一个缺水的城市国家，新加坡的公用事业局在管理总体的水循环方面有了革命性的进步。公用事业局执行综合的水事务职责，制订国家水资源发展战略，并得到了政府的强力支持。公用事业局职能的扩大，使它能够联合土地规划与水资源利用等部门进行水污染控制和城市集水区管理，使得水资源的管理更具有可操作性，形成了全方位的管理模式，效率有了很大提高。通过技术革新，进行废水回用和海水淡化扩大了水资源范围。鼓励私人投资的水务公司加入到水设施商业活动中，进一步改善了投资效率，促进了地方水工业的发展。

在新加坡，水资源利用的一大原则就是"将一滴水变成两滴水用"。由此可以看出水资源的宝贵。在这个国家，由于宣传到位，人们的认识程度也达到了一个很高的水平。一个良好的水环境还需要公众的自觉保护，不要污染水源。

6.1.7 中国台湾

近年来，随着中国大陆规模化养殖业的发展，养殖业给环境带来的污染问题已日渐严重，目前已成为中国大陆农村面源污染的主要来源，在许多地区畜禽污染物排放量甚至已超过居民生活、农业、乡镇工业和餐饮业的污染物排放量，成为重要水源地及江、河、湖泊污染和富营养化的主要原因。防治畜禽养殖业污染已成为现阶段农村环境保护的重要课题。中国台湾对畜牧业污染的防治技术、控制管理已比较成熟，可以为大陆畜牧业污染防治提供有益借鉴之处。

台湾养猪业发展迅速，1987 年 5 月 5 日"行政院"制定了"水污染防治事业放流水标准"，规定饲养 1 000 头猪以上放流水的 BOD 限量为 20 毫克/升、SS 限量为 300 毫克/升；饲养 200～1 000 头猪的放流水的 BOD 限量为 400 毫克/升、SS 限量为 400 毫克/升；饲养 200 头猪以下者可不受限制。要求猪场污水达不到标准时要限期解决，否则将实行重罚，每次罚新台币 6 万元，从发现直至改善为止。1990 年 3 月又制定了"养猪调整方案"，提出"短期内养猪头数不再增加，长期逐步减少并限制大型猪场增加饲养数，未来养猪业仅以满足自销，不以外销为目的"。

为鼓励农民兴建及改善畜牧污染防治设备，台湾"农委会"修正畜牧污染防治设备贷款要点，放宽申贷条件，放宽规模限制，凡取得畜牧场登记证书的畜牧场皆可申贷；且提高贷款额度，猪每头最高不得超过 1 500 元（新台币，下同），羊每头 4 000 元，而禽畜粪堆肥场则为每场 1 000 万元。"农委会"表示，畜牧污染防治设备专案贷款目前利率为 2.0%，贷款期限最长为 8 年。台湾每年都有举办结合学术研究与现场实务运作与发表各项试验研究成果的研讨会，主要是由"农委会"委托财团法人进行，如委托厚生基金会分区办理基层行政人员教育训练及农民污染防治讲习倡导会，内容包括污染防治设施的操作与维修作业、畜牧场减废与再利用等主题，引进新观念新技术，并办理评鉴绩优堆肥场颁奖，倡导畜牧资源回收再利用理念与成果。在研讨会方面，如举办"2000 年国际畜牧污染防治论坛"，邀请美国、法国、荷兰、日本及台湾本地

17 位专家学者，针对固体废弃物处理设施、化学需氧量去除技术、废水与废弃物采土壤处理利用等领域进行专题演讲，并集结成中、英文论文专辑出版，吸收国际畜牧污染防治成果与经验。

台湾 1992 年开始配合"行政院"核定的"养猪政策调整方案"，辅导养猪场设置废水、废弃物及空气污染防治设施，推广固液分离、厌气发酵及好气处理的三段式废水处理。目前，台湾养猪场设置废水处理设施比率已相当普及，同时辅导废水减量及废水再循环利用，其养猪废水污染已不再是台湾河川主要的污染源。在废弃物处理部分，主要是设置禽畜粪堆肥集中处理场，进行堆肥制造利用。牧场的污水处理，目前还是以三段式污水处理模式最为经济有效，平常管理维护也最为简单容易，即先经由固液分离出流水再以厌氧发酵处理后再以好氧的曝气处理进一步去除有机物。此种处理方法在正常且良好管理的操作运转之下，其 COD、BOD、SS 去除率可达 98%，可符合放流水标准限值。

综上所述，管理在水资源利用中应该扮演一个积极而重要的角色。世界各国的政治体制、经济结构、自然条件和水资源开发利用程度不尽相同，但各地政府在水资源管理方面却有一系列很相似的做法，我们可以从中得到一些启示，并结合我国实际情况总结出一些可供借鉴的方法举措。

6.2 各种畜牧业水资源利用经验总结

6.2.1 加强立法，为畜牧业水资源的节约提供法律基础

鉴于农业水资源污染日益严重，美国国会 1965 年已通过

了《水质法》，这是水资源保护的第一个总纲；1970年通过的《环境保护法》中也把水质和水资源保护列为首位；1977年国会再次通过了《土壤和水资源保护法》。在以上三项法律中都交叉重复提到了水资源保护。1972年联邦《水污染控制法》和《杀虫剂控制法》则具体提到了禁止生产和使用剧毒及高残毒的农药，以此控制杀虫剂残毒对农业水资源的污染。1976年颁布了《集约化养殖场控制污染水排放标准》；1971年政府提出了一个农村水清洁计划，控制一些农村无定点污染源的污染处理方法，所有这些法规法律都对农业水资源保护起了积极作用。

美国的《联邦水污染法》中的规定侧重于畜牧场建厂管理，规定：① 1 000或超过1 000头标准的工厂化畜牧场，如1 000头肉牛、700头乳牛、2 500头体重25千克以上的猪、12 000只绵阳或山羊、55 000只火鸡、18 000只鸡蛋或29 000只肉鸡，必须得到许可才能建厂。② 1 000标准头以下，300标准头以上的畜牧场，其污染水无论排入自身贮粪池，还是排入流经本场的水体，均需得到许可。③ 300标准头以内的畜牧场，若无特殊情况，可不经审批。美国对畜牧场污染后的惩罚相当严格，采用每天罚美金100元以上，直至污染排除为止。

日本由于人口稠密，一旦发生污染危害严重，所以立法最多，先后制定了七个有关法律，与畜牧业直接相关的有1970年公布的《废弃物处理及清除法》、《防止水质污染法》和《恶臭防止法》。与畜牧业间接相关的有《湖泊水质安全特别措施法》、《河川法》和《肥料管理法》。为了促进有机肥施用又提出了《化肥限量使用法》等。

中国台湾养猪业发展迅速，1987年5月5日"行政院"

制定了"水污染防治事业放流水标准",规定饲养 1 000 头猪以上放流水的 BOD 限量为 20 毫克/升、SS 限量为 300 毫克/升;饲养 200～1 000 头猪的放流水的 BOD 限量为 400 毫克/升、SS 限量为 400 毫克/升;饲养 200 头猪以下者可不受限制。执法要求猪场污水达不到标准时要限期解决,否则将实行重罚,每次罚新台币 6 万元,从发现直至改善为止。1990 年 3 月又制定了"养猪调整方案",提出"短期内养猪头数不再增加,长期逐步减少并限制大型猪场增加饲养数,未来养猪业仅以满足自销,不以外销为目的"。

以色列政府通过立法,实行严格的奖惩制度。用水计划是按每年降水量、种植面积、最佳需水量按户分配。用水量在计划内 70％者,水价按 100％收,70％～100％的部分按水价加收 2/3,超额部分 4 倍收费,从而使农民自觉地提高水利用率。

以色列政府对水资源实施严格监管。1959 年颁布的《水资源法》,规定了以色列境内所有水资源均归国家所有,由国家统一调拨使用,任何单位或个人不得随意开采地下水。以色列为此专门设立水资源委员会,具体负责水资源定价、调拨和监管。

6.2.2 不断完善污水处理系统,加强污水的防治

美国畜牧业生产自身对农业水资源污染主要来自以下几个方面:一是普遍使用化学杀虫剂的污染,从 1950 年以来,美国杀虫剂和除草剂的使用分别增加了 12 倍和 21 倍。由于有些杀虫剂和除草剂的残留毒性较大,容易通过人、畜和土壤等途径进入水体而造成污染。二是集约化养殖禽畜造成的污染,自

20 世纪 60 年代以来，少则千只，多则十几万只禽畜的养殖场遍布美国农村，禽畜粪便和废料对水体的污染已显而易见。农业水资源来源除了直接的地表径流淡水以及地下水之外，美国还积极开展海水淡水化和污水处理。美国经过多年努力，海水淡水化技术与规模取得了长足发展。在污水处理方面，美国的污水处理项目已经成功实施。

在污水处理方面，以色列已建成大小不同的水库 200 余座，容纳了约 1.5 亿立方米的处理污水。这些水库还起到了蓄积雨水的作用。目前，以色列的城市和所有的定居点已建成了较健全的排污系统，并因地制宜地建立了相应的污水处理工程。几乎所有排出的污水都进行了二级处理，约有 60％以上的污水用于农业灌溉。为便于污水的农业利用，以色列将全国按自然流域划分为 7 个大的区域，每个区域内按污水产生数量都制定出了利用计划，在一些地区，几乎所有的污水都得到了处理和利用。

土壤中氮的另一个来源是家畜粪便。畜牧业对水源污染的主要途径是粪水漫流导致地下含水层硝酸盐含量增高。此外，使用未经处理过的厩肥，并过量施播也会增加土壤中的含氮量。为此，法国提出预防污染应围绕以下几方面进行：提高贮粪池容量，防止粪水溢出；对厩肥做适当降氮处理；合理施肥。对于集约化饲养场，提高贮粪池的贮存能力是解决粪水外流的关键，给贮粪池加盖，挖排水沟可以起到防止外部水流入粪池的作用，其他措施还有：牲畜饮水时加强管理、饮水槽做到不漏水、用高压水泵洗涤饲养设备等。根据猪龄调整氮素的供给量，用合成氨基酸代替蛋白饲料也可降低粪便中的含氮量。厩肥是上好的肥料，使用厩肥可减少化肥的使用量，但使用不当也会造成污染。因此专家们建议，要改变厩肥施播多多益善的传统认识，在使用前要测定肥料的含氮量，并根据农作物的生长需要控制施播量。供施播的厩肥要有足够的贮存期，至少应贮存 6～7 个月。

在防治污染方面，新加坡的不少做法也值得我们借鉴。对于 1976 年新加坡出台的排污规定，新加坡给予了严格地执行。例如，当养猪场流出的污水成为主要的污水来源时，新加坡推出了《养殖行动法案》来严格限制牲口的养殖以保护公众的健康，将这些牲口指定在一定区域养殖，保护了流域不受所养殖牲口的排泄物的污染。

为鼓励农民兴建及改善畜牧污染防治设备，台湾"农委会"修正畜牧污染防治设备贷款要点，放宽申贷条件，放宽规模限制，凡取得畜牧场登记证书的畜牧场皆可申贷；且提高贷款额度，猪每头最高不得超过 1 500 元（新台币，下同），羊每头 4 000 元，而禽畜粪堆肥场则为每场 1 000 万元。"农委会"表示，畜牧污染防治设备专案贷款目前利率为 2.0%，贷款期限最长为 8 年。台湾每年都有举办结合学术研究与现场实务运作与发表各项试验研究成果的研讨会，主要是由"农委会"委托财团法人进行，如委托厚生基金会分区办理基层行政人员教育训练及农民污染防治讲习倡导会，内容包括污染防治设施的操作与维修作业、畜牧场减废与再利用等主题，引进新观念新技术，并办理评鉴绩优堆肥场颁奖，倡导畜牧资源回收再利用理念与成果。在研讨会方面，如举办"2000 年国际畜牧污染防治论坛"，邀请美国、法国、荷兰、日本及台湾当地 17 位专家学者，针对固体废弃物处理设施、化学需氧量去除技术、废水与废弃物采土壤处理利用等领域进行专题演讲，并集结成中、英文论文专辑出版，吸收国际畜牧污染防治成果与经验。

台湾 1992 年开始配合"行政院"核定的"养猪政策调整方案"，辅导养猪场设置废水、废弃物及空气污染防治设施，推广固液分离、厌气发酵及好气处理的三段式废水处理。目前，台湾养猪场设置废水处理设施比率已相当普及，同时辅导废水减量及废水再循环利用，其养猪废水污染已不再是台湾河川主要的污染源。在废弃物处理部分，主要是设置禽畜粪堆肥集中处理场，进行堆肥制造利用。牧场的污水处理，目前还是以三段式污水处理模式最为经济有效，平常管理维护也最为简单容易，即先经由固液分离出流水再以厌氧发酵处理后再以好氧的曝气处理进一步去除有机物。此种处理方法在正常且良好管理的操作运转之下，其 COD、BOD、SS 去除率可达 98%，可符合放流水标准限值。

6.2.3 加强政府干预，制定政策

美国加州政府限制农用电电费，农业用电每千瓦时只有 0.08 美元左右（合人民币 0.7 元），就为节能高效的农用机具的推广铺平了道路。从而使世界先进节水灌溉技术在加州都得到了较好应用。美国东部水资源较为丰富，实行累退制水价制度，大水量用户水价低，小水量用户水价高。对于居民生活用水，一般采用全成本定价模式，对于农业灌溉用水则采用服务成本＋用户承受能力定价模式。美国西部地区，如加利福尼亚州，由于水资源十分紧缺，服务成本定价模式和完全市场定价模式较常见。同时，美国水费中一般都包括排污费。对于水权管理体系，美国的阿肯萨斯、特拉华、佛罗里达、佐治亚等

州，由于水资源较为丰富，采用的是滨岸使用权许可体系；而美国密西西比河以西的大部分州，如犹他州、科罗拉多州和俄勒冈州等，由于干旱缺水，用水较为紧张，采用的则是优先占用水权体系。

除此之外，美国水权交易与"水银行"的开展实施可以使自身农业水资源进行商品化运作，使得农业水资源跨越时空约束而灵活调配使用，有利于农业水资源使用更加规范化、制度化和科学化。

以色列厕所冲洗、园林和农田灌溉、道路保洁、洗车、城市喷泉、冷却设备补充用水等，都大量地使用中水。为了有效利用中水，在上水道和下水道之间，专门设置了中水道。为鼓励设置中水道系统，政府制定了奖励政策，通过减免税金、提供融资和补助金等手段大力加以推广。

20 世纪 70 年代以前，以色列在"优先发展农业"的战略指导思想下，建立的是一种以粮食生产为主的自给主导型结构，加重了以色列的水危机；从 70 年代开始，以色列政府对农业结构进行了大幅度调整，建立以产值最高为目标的节水农业模式，大力扶持出口创汇型高效节水农业，即实行以园艺业生产为主的出口主导型农业结构。重新制定了农业生产计划，大力压缩耗水量大的粮食作物的种植面积，放弃多年生或一年生的饲料作物，集中力量大力发展经济效益高、耗水量较少的水果、蔬菜和花卉生产，努力开发抗旱节水型作物。

法国农村水资源的硝酸盐污染问题尤为突出。自 80 年代末的旱灾以来，法国加强了农村水资源保护工作，采取多种措施预防污染，并取得一定成效。1991 年法国农业部长在全国水利会议上指出，解决水源污染需要政府、公共部门、社会团体、农民以及工业等各方面共同努力才能从根本上解决。为此，法国政府和各地区都相继成立了水资源领导办公室，专门负责有关各项政策的协调工作。国家规定农业用水应遵循两个原则：统筹安排，节约用水和预防水资源污染。

法国政府还制定了一些必要的法规条例，以限制硝酸盐污染。例如，针对污染较严重的集约化饲养场修订了畜舍修建条例。条例中对贮粪池容量、贮存时间及饮水设备等都有具体规定。达不到要求的需要改建，政府补贴一部分改建费用。以猪场为例，贮粪池改建工程每立方米补贴70～120法郎；修建防雨水流入粪池的工程，补贴费用占工程费用的20%。此外，改建牲畜饮水设备、安装除臭设备等一系列工程都可得到相应补贴。1990年法国用于预防农村环境污染的费用达8 000万法郎，1991年的财政预算中也对环境保护给予了优先考虑。

从20世纪80年代起，日本政府也大力提倡使用中水。此外，积蓄雨水、利用雨水是日本政府特别是地方政府近年来积极推行的节水政策。在日本，人们把雨水引入到中水道里，供冲洗厕所等使用。与中水道、工业废水处理场相比，雨水利用设施的有利之处在于规模小技术处理简单、维修容易，而且水质较好。目前，东京都、大阪府、福冈市、千叶县、香川县等不少地方政府都相继制定了条例，通过各种办法积极促进对雨水的利用。

规定一个畜牧场养猪超过2 000头，牛超过800头，马超过2 000匹时，由畜舍排出的污水必须经过净化，并符合法律标准。在大中城市及公共用水区域，猪舍面积在50平方米以上、牛棚面积在200平方米以上、马厩面积在500平方米以上必须向当地政府申请设置特定设施，以取得许可。对于月排水量在 500 立方米的养殖场，排出污染物的允许限度按排水标准执行。新建大中型畜牧场一个饲养点饲养的家畜，猪超过 60 头、牛超过 20 头、马超过 50 匹时，必须得到当地政府的许可。

6.2.4 推进农业灌溉技术的实施

美国在农业水资源利用方面，农业生产过程中对于灌溉农场积极采用滴灌技术，一方面保证农作物得到均匀水养分而得以健康成长，另一方面使宝贵的水资源得以有效利用。全国的农场面积 50% 进行喷灌，43% 进行地面灌溉，7% 为其他。美国为确保滴灌技术达到水资源有效利用，采取土壤水分监测技术，智能控制执行农作物精确的滴灌用水需水量，还有应用先进的源于军事的 TDR 测量技术，实行微机智能滴灌农田，这大大节约了人、才、物的投入，使农业生产形成规模经济，促进水资源有效利用。

以色列的畜牧业依靠集约化、规模化的生产方式和自动化、专业化的技术，使得畜牧产品在农业中占有突出的地位，从虚拟水战略的眼光来看，以色列的气候炎热少雨，可耕种土地、水资源严重不足，且市场趋于饱和，都是制约以色列畜牧业发展的不利因素。人们可以通过减少肉类消费，增加蔬菜消耗量来降低人均水足迹，这样的饮食结构也可促使其畜牧业的萎缩，进而减轻对以色列水资源的压力。

从不同类型用地的灌溉用水量来看，由于水田占日本耕地的 54% 左右，农业用水以水田为主。其次为旱地和畜牧使用。1993 年，水田用水 559 亿吨，占全部农业用水的 95.14%，旱地用水 21 亿吨，畜牧用水 5 亿吨。虽然日本的水资源丰富，各地区的水资源储存量远大于当地的农业用水量。但由于日本的地形、地貌、气候、河流等影响，雨量的时间和空间上的分布不均，常常造成不同地区不同季节的干旱，据统计，几乎每年都有地区发生农业干旱。

日本的农业用水主要有水田灌溉、高地（旱地）灌溉及作物生长和牲畜饲养日常用水等。二战后，为了解决农业用水问题，日本政府，采取了措施，进行水资源开发。畜牧业除牲畜饮用外，又增加了牲畜和棚舍的冲洗水、清洁水；加之水质污染，不宜重复利用等原因，农业用水还在不断增加。

在农业灌溉用水中，一方面通过对灌溉工程的改造，减少漏水，同时改进灌溉技术，限制漫灌，提倡夜间灌溉。另一方面积极引入需水量小的粮食品种，减少高耗水农作物的种植面积，减少农作物单位产量的耗水量。积极利用排放水、农业废水和城市生活污水，加强污水的循环利用。对于城市生活污水，通过净化后部分用于农业灌溉，并已经规划 2017 年污水净化后用于农业要达到 25 亿立方米。

埃及发展旱作节水农业，提高水资源利用率。一是大力推行节水灌溉。埃及大面积推广渠道沟灌、自动化滴灌、喷灌和人工洒灌等节水灌溉措施，减少输水损失，提高农田用水效率。二是注重抗旱良种的培育、筛选和推广。埃及有中东地区最著名的国家作物品种基因库，专门负责农作物抗旱基因的遴选、培育和保存等，并通过组织培养等技术手段，培育出多个抗旱经济作物和生物品种。三是注重节水技术的研发和推广。如灌溉施肥（Fertigation）、农田集雨、作物间作等技术研究，并将这些技术通过当地农技推广部门推广应用，取得了较好的成效。

7　结论与政策建议

7.1　主要结论

（1）近些年北京畜牧业用水量在减少，利用效率也在下降

从用水定额值来看，北京畜牧业用水在 2006 年以后，总体而言低于之前年度畜牧用水量。这主要是由于 2004 年以后北京畜牧业调整目标，逐渐缩减规模带来的结果。但从畜牧业用水占农业用水的比重来看，2006 年这一比例是进入 21 世纪以来最低的一年，之后逐步提高。但与此同时，2004 年之后畜牧业产值占农业总产值的比重却在逐年下降。这说明了近些年来在畜牧业用水方面存在着相对用水浪费或效率不高的情况。

（2）从水费占总费用比重来看，北京畜牧业生产水资源利用效率普遍高于全国水平

北京肉鸡生产一直以来水费绝对值支出稳定，占总费用比重逐年下降，但此比重却一直高于全国平均水平。北京蛋鸡生产水费绝对值逐年波动，但占比在逐年下降，2005 年以来这一比重均低于全国平均水平。北京奶牛生产水费支出无论绝对值还是相对值均呈现波动的趋势，除个别年份以外，水费支出相对值都低于全国平均水平。北京生猪生产呈现和奶牛生产一样的状况。

（3）北京畜牧养殖户对资源利用和水体污染认识不足

通过对北京肉鸡和奶牛养殖户的调查，北京畜牧业用水主要是利用井水，70％以上的养殖户不对家畜饮用水进行消毒。超过一半的养殖户认为饮用水与家畜健康没关系，不会提高畜产品的质量。半数以上的养殖户没有对污水进行处理，仅有20％的养殖户有专业的污水处理系统。

（4）养殖户自身特征以及对水资源认知程度影响其对畜牧业污水处理的选择

研究北京商品养殖户污水处理的影响因素选取个人特征、家庭特征、农户用水认知、养殖环境特征中的典型行为表现作为自变量，构建二元 logit 模型。

从模型运算结果中可以看出，北京商品肉鸡养殖户污水处理行为的显著性影响因素有两个，分别是商品肉鸡养殖户的受教育程度、商品肉鸡养殖户的鸡的饮用水对提高商品肉鸡抗病力和质量的影响的认知。没有显著性影响的因素有：养殖户个人特征中的年龄，家庭特征中的养殖年限、养殖规模，肉鸡养殖户用水认知中的饮水前消毒的认知，养殖环境特征变量中的参加产业化组织和参加培训。

与肉鸡相关结果相比，养殖规模对于奶牛养殖污水处理有显著影响。

（5）根据 DEA 计算，北京奶牛养殖一直都是有效率的，不存在水资源投入冗余情况

对于肉鸡生产，大规模生产投入品的投入效率高于中规模养殖，其中中规模养殖在个别年份存在水资源投入过量情况。蛋鸡养殖效率不高，但水的投入并不过量。生猪养殖是效率损失最多的，无论是中规模还是大规模都不同程度存在水资源投

入过量的情况。

（6）发达国家畜牧业水资源利用的可以借鉴的经验包括立法、政策推进、完善污水处理系统

通过对美国、以色列、法国、日本、埃及和新加坡农业及畜牧业水资源利用的经验分析，对我国有许多可以借鉴的方面。主要包括：加强立法，为畜牧业水资源的节约提供法律基础；不断完善污水处理系统，加强污水的防治；加强政府干预，制定相关政策。

7.2　政策建议

（1）思想上充分认识畜牧业节水的重要性

传统畜牧业向现代畜牧业发展，不仅仅是从简单依靠农牧民直接的生产经验、自然条件和畜禽生产机能的生产活动转变为依靠科学技术对畜禽繁殖、生长、发育和饲养管理的生产活动，更重要的是农牧民对畜牧业养殖方式从观念上的转变，尤其是在现今水资源短缺、污染严重的情况下，转变畜牧业不可能节水的旧思想尤为重要。畜牧业想获得长久、持续发展，必须转变以前粗放式的养殖模式，要教育农牧民必须树立发展节水畜牧业的新意识，抛弃过分逐利的价值观，转变饲养方式，科学合理化养殖。并且要拓展和延伸节水畜牧业的范围，把涵养水源纳入节水型畜牧业的重要内容。良好的水源和环境是畜牧业良性发展的基础，思想意识浅薄必定会食恶果，所以在思想上提升认识，想方设法寻找办法，然后付诸行动是畜牧业节水的关键。

（2）加强对相关人员的宣传教育

农牧民如能自己从观念上意识到节水对畜牧业的重要性，将有益于畜牧业的良性发展。但如果农牧民受传统观念影响较深，对现代化畜牧业发展缺乏认识，就需要有专门的人员对其进行宣传教育。要使全社会更加重视水资源保护，需要政府或相关部门建立专业的科普宣传机构，培养专业的科普人员给农牧民进行讲授与引导，让从事畜牧业养殖的人员意识到保护水资源洁净就是保护畜禽用水的安全，而畜禽用水的安全就是对人类自身安全的保证。畜牧业是最易造成水源污染的产业之一，又是对水源质量要求较高的产业之一，所以需要人们共同努力，通过宣传教育，通过示范带动，形成共同保护水资源，发展节水畜牧业的循环体系，促进畜牧业可持续发展和保住农牧民致富之路。

（3）建立各种激励机制和完善相关法规，鼓励发展节水型畜牧业

建立资源节约型社会，要求全社会树立节约资源的观念，形成节约光荣、浪费可耻的社会风气，养成人人都乐于节约一张纸、一度电、一滴水、一粒米、一块煤的良好习惯。水资源作为生产生活的重要资源，需要政府号召，全民响应，切实保护和合理利用水资源。全民节水的实施需要政府作为坚实的后盾，予以引导和监督。具体来说，政府可以通过税收、水权、水价等调控手段限制畜牧企业的合理科学用水，提高水资源利用率和污水的循环处理，并根据畜牧企业对于保护环境的贡献程度予以荣誉奖励或资金支持，尤其是从节水机具的引进、牧草种籽的贮置、青贮池的建设等方面给予资金上的扶持帮助，以此来激励更多畜牧企业节水、护水。并且通过制定相关的处罚法规来约束畜牧企业行为，对污染水资源的畜牧企业予以舆

论的谴责和经济惩罚甚至承担法律责任。

（4）政府应加大资金投入，把水资源节约及保护作为一项社会公益事业及生态安全的大事来抓

从畜牧业着手水资源的节约与保护是重要的环节之一，然而单靠畜牧业从业者的投入是远远不够的。一般来说畜牧业创造的财富远低于工业和服务业，而为了减少畜牧业生产过程中对环境的污染尤其对水资源的破坏，使得畜牧生产投入大大增加，既得利益减少，一些农牧民在这样的情况下就选择了利益，出现了各种环境恶化问题。所以这就需要政府加大对畜牧业的投入，特别是节水机具等方面的资金投入，使畜牧企业和农牧民生产节约化，降低生产要素的投入。各级地方政府要合理利用支农资金，改善畜牧业基础设施，调整畜牧业的补贴政策和信贷政策，保证规模化畜牧业生产的资金需求。这在一定程度上确保了农牧民利益并促使他们积极参与节水畜牧业的发展，为社会生态环境安全做贡献。

（5）按照北京水资源承载量合理规划畜牧业发展

水资源承载量是北京发展的重大短板，人均水资源占有量远低于国际人均水资源的占有量，而且北京现实供水远高于当地水资源量，水缺口很大部分依靠超采地下水和周边省份调水弥补。所以根据北京目前的水资源承载量合理规划畜牧业用水非常重要。根据北京市城市功能规划的蓝图，构建以区县为责任主体、以保护和提升为重点的生态环境建设长效机制，坚持量水而行，以供定需，因水制宜，实行严格的水资源管理制度，特别是禁止开发区中的水源保护区，应从严管制。畜牧业发展要根据不同等级区域的要求，科学合理布局，明确发展方向和规模。依据水功能区保护要求，严格控制畜牧业用水总

量，坚决遏制畜牧业用水浪费，严格控制畜牧业入河污染物总量，并建立水功能区水质达标评价体系和考核制度，严格控制畜牧业科学化发展。

（6）加强对畜牧业建设项目水资源论证和环境影响评价工作

根据《中华人民共和国环境影响评价法》中的规定，严格按照此法的要求，对已建畜牧业项目实施后造成的环境影响进行分析、评估，加强建设项目附近水环境监控，掌握水源环境现状。对畜牧业新建设项目，从规划和建设项目实施后可能造成的环境影响进行预测和评估，并提出预防或减轻不良环境影响的对策和措施，进行跟踪监测。畜牧企业要严格按照节水、排水的要求，科学合理用水。确保规划水资源论证的论证到位、管理到位、责任到位，需要明确责任主体，避免审查机制不完善出现管理漏洞的发生。并建立信息公开和公众参与机制，发挥公众参与的重要作用。

（7）加强牲畜粪便科学利用和处理技术的研究，采取消毒和无害化处理措施，尽量避免或减小对环境的影响

畜牧业发展中牲畜粪便的合理处理是关系畜牧业持续发展的重要环节，一旦处理不当会造成生态破坏，特别是水体污染。而如果水体污染影响到人类饮用水供给，畜牧业必然会受到影响，如为缓解人畜争水矛盾，肯定会限制畜牧业的良性发展，所以加强牲畜粪便科学利用和处理技术的研究非常重要。近些年国内外研究了很多种粪便处理技术，被认为最有前途的是生物发酵处理，其中包括沼气池、好气氧化池与堆肥等方法。通过对粪便生态还田技术和"零排放"的探索，必定会解决畜牧业发展对水环境的威胁，从而促进人、畜、水的和谐发展。

参　考　文　献

陈锡康. 当代中国投入产出理论与实践［M］. 北京：中国广播出版社，1988.

孟祥海. 中国畜牧业环境污染防治问题研究［D］. 武汉：华中农业大学，2014.

王树强. 地下水资源管理的法律制度研究［D］. 青海：中国海洋大学，2013.

李世鹏. 新疆农业产业结构调整优化研究［D］. 乌鲁木齐：新疆财经大学，2012.

赵金燕. 农民专业合作社发展循环农业研究［D］. 杨凌：西北农林科技大学，2012.

李成. 安徽省沿淮低洼地区农业结构优化研究［D］. 合肥：安徽农业大学，2011.

曲武. 吉林省西部人工草地动态水分生产函数及优化灌溉制度研究［D］. 长春：吉林大学，2011.

刘娜. 污水生态处理技术研究［D］. 西安：西安建筑科技大学，2010.

杨进朝. 宁夏水资源和环境地质问题研究［D］. 北京：中国地质大学（北京），2006.

陈勇. 陕北农牧交错区水资源利用评价及供需趋势研究［D］. 杨凌：西北农林科技大学，2006.

方德林. 基于 SAM 的河南省水资源乘数分析［D］. 开封：河南大学，2014.

张小君. 水资源社会经济循环规律研究——以黑河流域中游甘州区为例

［D］. 兰州：西北师范大学，2013.

蔡国英，徐中民. 黑河流域中游地区国民经济用水投入产出分析——以张掖市为例［J］. 冰川冻土，2013（3）.

丁金英. 对红寺堡灌区发展种草养畜产业的思考［J］. 宁夏农林科技，2007（5）.

王晓峰. 养殖业用水管理急需经济与环保并行［J］. 中国家禽，2003（24）.

匿名. 浙江省畜牧业转型升级十大模式［J］. 浙江人大，2014（7）.

马忠，李丹，王康. 张掖市水资源实物型投入产出表的编制应用［J］. 中国沙漠，2014（1）.

吴书清. 农牧结合求发展　生态养殖提效益——浅谈新形势下的生态畜牧业建设［J］. 决策探索（下半月），2014（8）.

梁仲翠. 平川区力求畜牧业与环境协调发展［J］. 中国畜牧业，2014（9）.

吕凤莲. 浅析如何提高水资源的可持续利用［J］. 现代农村科技，2012（15）.

姜再明. 科学利用资源　培育优势产业　扎实推进北京市怀柔区现代农业又好又快发展［J］. 北京农业，2011（8）.

曹天义，高立中，李俊. 节约型畜牧业的三个思考［J］. 中国牧业通讯，2007（17）.

周琼. 台湾畜牧业污染的防治策略与借鉴［J］. 中国农学通报，2009，25（6）.

刘琼，马帅，俞松，王红瑞. 基于用水定额的北京市畜牧业用水情况分析［J］. 北京师范大学学报，2013，49（1）：75-77.

高媛媛，王瑞红，韩鲁杰，王岩，等. 北京市水危机意识与水资源管理机制创新［J］. 资源科学.2010，32（2）：274-281.

刘宏斌，李志宏，张云贵，等. 北京平原农区地下水硝态氮污染状况及其影响因素研究［J］. 土壤学报，2006，43（3）：405-413.

杨艳，贾三满，罗勇，姜媛. 北京地面沉降工作分析及展望［J］. 城市地区, 2012, 7 (2): 9 - 13.

Richard Bellman. Functional equations in the theory of dynamic programming. VII. A partial differential equation for the fredholm resolvent [J] . Proceedings of the American Mathematical Society, 1957.

Liew. C. L. The Dynamic variable input-output model: An advancement from the leontief dynamic input-output model [J] . The Annals of Regional Science, 2000 (4): 591 - 614.

Carter, H. O, Ireri, D. Linkage of California-Arizona input-output models to analyze water transfer pattern [R] . Applications of Input-Output Analysis, Amsterdam, North-Holland Publishing Company, 1972.

Bouhia, H. Water in the economy: Integrating water resources into national economic planning [D] . United States-Massachusetts, Harvard University. Ph. D, 1998.

M. Lenzena, B. Foran. An input-output analysis of Australian water usage [J] . Water Policy, 2001, 3): 321 - 340.

Rosa Duarte, Julio Sa'nchez-Cho'liz. Water use in the Spanish economy: an input-output approach [J] . Ecological Economics, 2002, 43: 71 - 85.

Mallin M A, Cahoon L B. Industrialized animal reduction: a major source of nutrient and microbial pollution to aquatic ecosystems [J] . Population and Environment, 2003, 24 (5): 369 - 385.

Hooda P S, Truesdale V W, Edwards A C, et al. Manuring and fertilization effects on phosphorus accumulation in soils and potential environmental implications [J] . Advances in Environmental Research, 2001, 5 (1): 13 -21.

Griffin R, C. , Bromley D. W . Agricultural runoff as a nonpoint externality: A theoretical development [J] . American Journal of Agricultural Economics, 1982, 64 (3): 547 - 552.

Shortle J. S. , and J. W. Dunn. The relative efficiency of agricultural source water pollution control policies [J] . American Journal of Agricultural

Economics, 1986, 64 (3): 668 - 677.

Wu J. , M. L. league, H. P. Mapp, and D. J. Bernardo. An empirical analysis of the relative efficiency of policy instruments to reduce nitrate water pollution in the U. S. southern high plains [J], Canadian Journal of Agricultural Economics, 1995, 43 (3): 403 - 420.

Segerson K. Uncertainty and incentives for nonpoint pollution control [J] . Journal of Environmental Economics and Management, 1988, 15: 87 - 98.

Hansen L. G. A damage based tax mechanism for regulation of non-point emissions [J] . Environmental and Resource Economics, 1998, 12 (1): 99 -112.

后　　记

写下这段话时正值北京的六月雨夜，回想此书的成书过程感慨良多。

此书是"北京市自然科学基金"同名项目的成果之一，此项目始于2012年，按计划应该在2014年年底结题，但由于种种原因推迟到2015年6月。

在课题进行的三年半中，发生了很多足以值得纪念的事情。

2012年9月，我的第一个三年制学术型硕士赵娜入门，从一入学她的论文方向确定是肉鸡养殖方面，在课题调研中，赵娜从组织到亲自带队，到最后整理数据都十分辛苦，8月的北京骄阳似火，行走于各个养殖场户之间，几天下来就晒得黝黑。还有其他参与调查的研究生和本科生，有我的学生，还有其他老师的学生，都十分敬业。本书能够成型，与他们的付出密不可分。赵娜今年也顺利毕业，找到了称心的工作，同时也被评为了北京市优秀毕业研究生。

2013年，我获得北京市的资助到美国密歇根州立大学做访问学者，半年的美国学习提高了我的专业素养。通过调研美国的畜牧业生产，对本课题的相关内容有了更深层次的思考。

2014 年，我家老大上了小学，二子也来报到了。两个娃搞得我时间很不够用，白天带小的，大的放学后又要辅导作业，陪着运动。所以本书很大一部分是在两娃晚上睡觉后熬夜完成的；还有一部分是一边哄着老二，一边写的。现在老二已经四个多月了，天天冲着你笑，跟你聊天，一切的苦和累都值得。等他长大，让他看这本书，告诉他这书是和他一起孕育而成的，是对我这段人生的纪念。

希望本书能为北京市畜牧业、节水农业的发展提供一点点可以借鉴的内容，也就足矣。

本书存在很多的不足，希望同行不吝赐教，今后继续修正改进。

曹　暕

2015 年 6 月于北京